U0072037

窮忙，是你不懂梳理人生

小川叔——著

我用了差不多十年的時間，終於找到自己的價值。

這份價值不再來自我的工作、某個公司老總的讚美，不再來自我買了LV包、穿了訂製西裝，而是我終於可以證明——即使不上班，我依舊有能力養活自己，我有本事把每一天都規劃得很好，我可以找到一些和錢無關，但能增加幸福感的小樂趣，我相信自己可以越來越好。

那個曾經活在黑暗裡的、小小的、自卑的我，沒有消失，沒有被後來的我給埋起來，而是學會把家裡地板打掃乾淨，學會自己換窗簾，找到自己能發揮的副業工作，賺到錢，換到一間大房子住；也學會了笑，學會了真誠但有分寸地對待別人、學會表達自己的感受，而不是發洩情緒。還有，學會自己看到自己的亮點。

我不知道，這是不是就叫做「自信」。

過去我曾經不只一次問自己，為什麼我老是選擇繼續當下屬？明明眼前就出現了讓我可以擔任領導者的機會，為什麼我卻退縮了？

我總是怕出頭，總想當個輔助的角色就好，總希望有人幫我扛著，我做簡單一點的工作就好，但這樣的日子，遲早會到盡頭。我遲早要承擔我該承擔的一切，包括壓力、絕望，甚至是自我否定。

人的成長，都是先從內心開始的，內心堅強了，外在就會在一夜之間發生變化。我活了30多歲的那一晚，第一次思考明年我要做什麼，也是從那個晚上開始，命運把我推到了一個要求我自己為自己做選擇、判斷、計畫並且落實的時刻。

目錄 Contents

第2章 職場進階：找到職場升遷的內在邏輯

第3章 當眾說話：演講改變我的，除了自信，還有思維

第4章 寫作輸出：寫作帶來的第二人生

第5章 再學習：你的人生，有多少種可能

〈序〉

「暫停」，是為了讓自己能繼續勇敢向前

一般人的一生，到底會經歷多少變化？

坦白說，我從來沒有像現在這樣惶恐。

我坐在北京的家裡，洗衣機發出低沉的聲音，空氣裡混合著消毒水和洗衣精的氣味。我的手指略微顫抖地敲下你看到的第一句話，雖然我不知道你會在什麼樣的時刻遇見它。

就在此刻，寫書對我來說好像是一件全新的事。我就像一個從來沒有寫過任何東西的人一樣緊張、不知所措。但這已經是我的第四本書！

對於新的讀者來說，它可能只是第一本，或者是最後一本。

我是一個再普通不過的北漂族，之前因為各種機緣巧合，寫了三本書。

在人生前三十五年裡，我從沒想過有一天我寫的東西能夠被出版，能夠被讀者認可、喜歡。然而，我的命運在35歲那年被改寫了，我的人生就像開了外掛，變得不一樣。我在寫書的過程中體驗了興奮、充滿期待，還有深深的反省，因為我不只收到了很多讀者的祝福，也收到了一些謾罵。

從35歲到36歲，短短兩年時間，我出版了三本書，如果說這算是圓了人生的一場夢，那我覺得這個夢已經夢得夠長了。

而37歲這一年，我選擇暫時停筆。

表面的理由是，我需要充實一下自己的內心，豐富一下自己的經歷；但實際上是，我找不到繼續寫下去的動力。

寫作是一件很辛苦的事。

我記得第一本書出版後，有一位和我年齡相近的讀者，在看完我的書後，私訊我說：「我在機場看到你的書，翻了兩篇覺得蠻有趣的，就在飛機上看完了，不過看完之後覺得你的經歷也沒什麼，只要有點年紀的人都會經歷這些，這些東西騙騙年輕人還可以，我覺得我也寫得出來。」

我當時看著那段訊息，在這一端硬是對自己擠出一個笑容，手裡回覆著：「那很好啊，期待你的作品。」

後來，我並沒有等到他的作品。

其實我很理解，因為大家都是成年人了，都懂得付出和收穫要成正比，沒什麼比成年人的時間更寶貴的了，哪怕他們晚上什麼都不做，也不會想在一件沒有回報的事情上浪費時間。

這個時代，能靜下心讀書的人不多；能靜下心寫書的人更少。

因為多數時候付出和收穫是不成正比的。

或許你會說，不是還有某個大作家嗎？還有某某人不是也紅了嗎？

當然每個行業都有菁英和佼佼者，但重點是，那些人都不是你。

如果你的天賦和資歷都一般，那你可能永遠都只是一個不上不下的寫作者，那麼，即使你拚命地寫，有意義嗎？這是我對自己一直以來的質疑，我是個很容易自卑和自我懷疑的人，所以在兩年出了三本書之後，在同類型的勵志書相繼出版，在大家都吵著說看到雞湯文就想吐的時候，我忽然，不想寫了。

我說，我要停下來一年。

37歲這一年，我沒有寫書，也沒有休息。

從某種意義上說，甚至比前兩年更忙碌。

這一年，我做了七十五場線上分享、近兩百場職場諮詢，帶了一個十二人小組，做了半年的職場諮詢服務，還寫了十幾萬字的微信公眾號文章和專欄約稿。對了，我好像還讀了五十多本書，上了四十多種課程，以及數不清多少期微信訓練營。

或許你會想問我，為什麼你要這麼忙？不是說好了要休息嗎？

如果我說是因為害怕，你相信嗎？

我怕自己不做點什麼就被人忘記了。

我怕自己不寫點什麼，就真的再也不想提筆了。

我從最開始初生之犢一樣的無知、無畏，到寫出了一點點成績之後的沾沾自喜，再經歷了思考之後，嘗試梳理自己的所有資源，努力打造個人品牌。

這些都源自於出版第一本書對我的改變，如今我又重新回到原點，對文字充滿敬畏。現在你看到的這本書，是我給主編的第三次稿子，雖然這個數字對你來說只是個數字，但對我來說，是一場硬仗。

我的第一稿被主編退了，戰戰兢兢一年後，本來想寫一本分享實用知識的書，結果這一年市面上這類書太多了；第二稿又被主編退了，我本想寫這一年做的接近兩百個職場諮詢對象的故事。主編說：「寫別人的故事不容易打動人，我讀你的第一本書，到現在我都覺得你打動我的是真誠。不如寫你自己，就寫你這一年的思考，寫出書之後你的變化。」

我當時點了點頭，但內心其實很糾結，因為我不知道我現在所寫的是不是讀者能接受的。畢竟不是所有人都想出書，也不是每個人都想知道怎麼出一本書，那這些對他們來說有什麼意義？

我一邊思考，一邊整理過去這一年我在微信公眾號上更新的文章，甚至有一瞬間覺得，不然直接把這十萬多字拿去出版不就好了嗎？反正不是有很多作者也都這樣做嗎？這些文章還有很多人也需要吧？幹嘛還要重寫一本呢？

我知道那些想法是源自於我的焦慮，我是一個面對壓力就很容易焦慮的人，每當決定去做一件事的時候，往往都會選擇讓自己完全沉浸在其中，於是吃飯的時候、走路的時候，甚至睡覺之前我都還在頭腦裡反覆想著那件事。

最後，我想到了「普通人」這個角度。

越來越多像我一樣的普通人希望透過學習，讓自己變得強大。而出了幾本書之後，我也不敢說自己變得有多了不起，但我始終認為，在每一段人生發生轉折之後，我們看待世界的眼光和角度會有所不同，而出書這件事就像一次轉折。從那之後，我就希望能夠用文字記錄生活，並跟讀者們分享。

我把前兩稿的內容大綱全部推翻，放到一邊，重新一點一點再搭起這本書的框架。我希望它對你來說是全新的、可接受的、有用處的。

過去，我一直自卑地覺得，我像城市裡的螞蟻，草地上的小草，渺小、平凡，但因為有社群網路的強大，我一個一個敲出的文字被網友們看見了、喜歡了。如果我的這段人生經歷像一面鏡子，那麼你們從鏡子中可以看到一個小小的我，憑著一股面對孤獨的勇氣，在人群中橫衝直撞。這期間有歡笑、有淚水、有得意，也有一次次反思。

對我而言，這是我的人生切片；對他人而言，它不過是一個普通人在奮鬥的路上所做出的種種嘗試。

謝謝你花時間和我一起分享它，謝謝你開始和我一起回顧這一段人生。

也許我們都曾在暗夜裡行走過。在茫然的黑夜裡不能辨認方向的時候，如果忽然看見前方有亮光，便會在內心裡燃起希望和力量，這就是那點亮光的魔力。

如今，老天在我手裡塞了一支火把，我不知道這點亮光對於在黑夜裡趕路的人們到底有著怎樣的力量和幫助，但是對我來說，舉著火把是為了照亮自己腳下的路，如果還能同時溫暖你，那更是我的幸運。

【第一章】

人生得失：面對失去，你同時更認識自己

真正的成熟，
是在跨越那些疼痛之後，
你學會從更多的角度去看待這個世界。

成熟，就是變成自己討厭的大人嗎

如果人生每十年進行一次回顧和總結的話，

11～20歲，我的人生關鍵字是學習和嘗試；

21～30歲，我的人生關鍵字是得到和追逐；

31～40歲，我的人生關鍵字是獲取和擴張。

那麼，我給40歲之後的十年關鍵字是：失去和放下。

我是一個天生悲觀又自卑的人。

因為知道自己的問題，所以在長大的過程中我非常努力去調整自己，尤其是針對我的性格弱點，不斷嘗試去訓練自己改變、突破。

比如，當我決定要適應這個社會的規則時，我丟掉了書架上的小說和我年輕時讀的東西，換成了激勵人心的成功學和提升職場技能的書。這些書，的確很無趣，但我確定這可能是我將來必須走的一步，我只能提醒自己，與其被動接受，甚至被迫接受，不如早早調整心態，化被動為主動。

30歲時，我因為工作的變動帶來了升職加薪的機會，但坦白說，那時候的我過得並不快樂。

在開始學習當個主管之前，我曾經有一段時間內心非常糾結，不知道是要堅持自己的個性，還是逼迫自己改變。我其實是個不愛社交的人，不愛說一些我覺得有點虛偽的話，包括向老闆敬酒、句句都在捧老闆……，可是後來我開始帶團隊，有了下屬，也就有了無形的責任感，尤其是當大家都那麼做的時候，即使會覺得彆扭，好像也不得不表現得像個「善於社交的人」。

我記得有句話說：「我們終將成為自己討厭的人。」

我曾經對這句話特別反感。

我那時心裡想的是，如果一個人夠強，哪還需要隨波逐流？

但後來我清楚地感覺到，我似乎被一種無形的力量挾持著，也做了很多隨波逐流的事情，我記得當時的我開始厭惡自己，而且越來越嚮往過去更年輕、更鋒利、更不熟悉人情世故的自己，我感到好迷茫，於是決定去接觸心理學，閱讀關於心理學的書籍，參加一些心理諮商師的講座。因為在我看來，成長裡的困惑，沒人可以給我答案，我要做的，是跟自己和解。

漸漸地，我找到了問題的根源。

為什麼我們終將成為自己討厭的人？

也許只是因為視角不同，我記得有部電影叫《狗十三》，裡面那個年輕女孩，她的每一步成長都帶著痛苦。

但是後來我想，真正的成熟，不是把你自己留在那個年紀，不是永遠保持那份無法被人傷害的純真，而是在跨越這種疼痛之後，你學會從更多的角度去看待這個世界。當你不再把目光只放在自己身上的時候，你或許就能明白自己的改變；當你能夠接納自己正在逐漸成熟的事實，你或許就能肯定自己的改變。

真正的強大，不是因為害怕改變而拒絕一切，而是在你接納了改變之後，還能找回自己的初心。我們不可能一直停留在16歲，在父母的保護之下任性生活；我不可能憑藉自己的稜角，死抱著「這就是我」的態度和全世界為敵，假裝堅強地過生活。

以前，我害怕被世界同化之後，變成那種我最看不起的成年人。現在我才明白，真正與世界的對抗，是當你瞭解了成年人的世界，明白了成年人的責任之後，還能給自己的純真留一塊地方。這塊純真，是你靠自己的收入和時間去支撐的，不是靠父母的補貼、他人的鼓勵來維持的。

我把30歲當作自己改變的起點，31～40歲這十年，我拼了命地獲取和擴張，這對我像是一種彌補，是一種要把自己整個都豁出去的感覺，為了消除我內心裡的自卑，而能夠活得更有安全感，活得更有尊嚴。

這十年間，我的薪水翻了好幾倍，我說話漸漸有了自信，我的存款數字從讓自己安心到讓自己安定，我從糾結要不要結婚，變成考慮要不要一個孩子。我要謝謝自己的判斷力，讓我知道我內心的障礙以及可能面臨的挫折。感謝那時迷惘的我，及時地尋求心理學的協助，提前為未來的自己想了很多解決辦法。

然後，我就40歲了。

越接近40歲，我越能感覺出我的身體發生了變化，最大的變化是白頭髮開始增多，從我的頭頂和鬢角兩邊開始快速蔓延；再來是筆記本使用的頻率增加，你也可以說我學會了清空大腦的方法，但只有我自己知道，有些事不趕快記下來，我真的會轉瞬就忘。所以，我養成了在床頭放一支筆和一個筆記本的習慣。睡前想到什麼，就立刻寫下來。

當然，體力也大不如前。過去熬夜一個晚上，睡一覺就補回來了，現在就算睡三天三夜都覺得不夠。晚上十一點前如果不睡覺，再晚一點就難以入眠了。

我曾經有長達一個月的時間，不管幾點入睡，都會在淩晨三點半醒過來，找不到任何原因。剛開始的時候，半夜醒來還可以繼續睡，後來有整整一個星期，醒來後就睡意全消，只能眼睜睜看天慢慢亮起來。我非常痛苦，甚至懷疑自己是不是得了憂鬱症，因為有人說憂鬱症的症狀之一就是失眠。

我也開始大把大把地掉頭髮、脾氣變差、身體循環系統和代謝也逐漸出了問題。種種訊號都在提示我：我正在變老。

你知道U型曲線吧？在看似下滑到最低點的時候，其實也就是開始往上的時候。我把40歲當作U型曲線左邊從最高點向最低點滑落的開始，接下來的十年，我預見自己會開始失去，失去的可能是金錢、地位、名譽，也可能是健康、家庭、親人，我會看到生命流逝的整個過程，會體驗雲霄飛車從頂點開始往下滑的過程。至於什麼時候會是最低點，我並不知道……

我有些焦慮，於是開始想一些解決辦法。

我開始學習整理，比如，我每個月找出自己不再需要的衣物，轉送給一些網友。這些二手衣可以成為別人需要的東西，真好。至今我已經連續十六個月都這樣做。我希望自己逐漸學會不固執地擁有，或者說是不去囤積。

我也開始閱讀一些關於服裝搭配的書，嘗試不同的穿衣風格，找出最適合自己的，並且固定下來。

我給自己的新目標是三百六十五天不買衣服，然後定期把自己的服裝搭配拍照上傳，就像是一本記錄我個人穿搭風格的相簿，目前已經完成了超過一百八十天。我想看看如果要維持基本的生活，我到底需要多少件衣服。

我開始關注父母的健康狀況，定期帶他們做健檢，每個月幫他們存點醫療保險金。我也開始希望解決自己心裡的恐慌，希望能獲得內在的平和，甚至還去了七、八次教會，想看看宗教信仰是否可以幫助到自己。

我開始思考自己擁有什麼，哪些對我來說是最重要的？當我確定了之後，就會更加去關注。**在保證基本生活的前提下，我嘗試讓自己習慣失去。漸漸地，我領悟到失去帶來的不是缺乏，而是你可以更專注在真正重要的人事物。**

我還買了一些談論40歲的書，其中松浦彌太郎的《給40歲的嶄新開始》讓我受益良多。雖然每個人處理焦慮的方法不一樣，但至少松浦的一些做法對我很受用。

40歲，對我來說依舊是新鮮的體驗，沒有經歷過，自然會戰戰兢兢。

我做了那麼多準備和自我練習之後，現在心境上終於能比較平和了。

接下來的十年，對我來說也許是自我提醒：提醒自己注意健康，提醒自己關注更重要的事，提醒自己不忘初心，提醒自己享受當下。

我想，我會逐漸喜歡上接下來的自己。

親情的邊界線

不論你是否成年，在父母的眼裡，你永遠都是孩子。

但你會開始想提醒父母你已經長大，已經不再是孩子了，你也需要有自己的空間，你可以為自己負責。但是坦白說，讓父母承認你長大了，需要一個過程，也需要一個前提。

最大的前提就是經濟獨立，你賺的錢至少可以養活自己，這是你獨立的第一步。

我在27歲的時候就開始被家人催婚。最一開始我是非常反感的，因為我覺得過了18歲就是成人了，25歲都有能力賺錢養活自己了，為什麼家人不能讓我好好享受一下這幾年可以自己做決定的生活呢？

父母經常擔心自己的孩子。可以說，他們比我們還容易焦慮。國高中的時候，父母限制你談戀愛，怕談戀愛影響學習。他們覺得，那時候學習才是最重要的。

很多父母也跟孩子保證等你上了大學就真的不管了。然後，很多孩子也真的這樣去做了，大一玩瘋了，大二談戀愛，大三失戀，大四可能就是畢業即失業吧！

畢業後剛出社會的頭三年，我們都在慢慢地適應社會，尋找自己的興趣，探索未來的職業規劃。這時候，雖然整個社會的氛圍讓人覺得有些壓力，但那個年紀、那個狀態是非常好的。因為，沒人關心你多大了、是不是該談個戀愛，你身邊的同學好友也都在拼了命地工作，甚至有的人已經升職或計畫跳槽。這時候的我們大都沒有存款、沒有自信，戀愛或許是生活的調劑，而婚姻又離我們太過遙遠。

但是，父母不知道你的這些心路歷程，他們就覺得，你找個工作好好做幾年，就可以考慮結婚的事情了。而逢年過節被逼婚也不是這幾年才有的風潮，這是很多人走入社會，有個穩定工作後就會遇到的事情。

那時候的我非常討厭自己人生被別人安排的感覺，所以每年過年心態上就像要回去幹架一樣，誰催婚就嗆誰。我以為透過這種激烈的方式去宣誓，去告訴全世界「這是我的地雷，你們最好都不要踩」，這樣大家就能夠放過我。

但，怎麼可能？

往往是三姑六婆的隨口一問，我就自己先氣炸，把自己累個半死。那時候的我特別敏感，如果我老媽也加入這個催婚戰局，我就會認為她就是不夠懂我，她就是傷害我最深的那個人。

我們對親情的要求有時候反而更沒有底線，我們要求家人百分之百的守護、百分之百的相信以及百分之百的愛，而且這些要求和付出都是單向的。

父母要在我們任性的時候百分之百地支持，不能表示懷疑；

父母要在我們自認為成熟的時候百分之百地安靜，不能多問一句；

父母要在我們失敗的時候百分之百地理解，並且送上關懷和包容。

仔細想想，這哪是父母，分明是神。

這幾年很多嘲諷父母言語和行為的影片一夕爆紅，我想有一部分原因是：我們內心非常渴望有些事我們說一次，父母就要聽進去、記住，然後這輩子都要遵守。

人生前二十年你都在聽父母的話，被他們「牽著走」，忽然有一天，你說你可以獨立了，現在你要自己做選擇，而且你說的就必須被認可，不認可就是不尊重你，然後你就開始耍脾氣。你想想，這是不是剛好證明了，你還很幼稚？而且除了發脾氣之外，你找不到其他有用的解決辦法。

有一年過年回家，那時我外婆還在世，她帶著我的三個阿姨一起「圍攻」我，和我討論什麼時候要結婚的話題。我當時和他們激戰一番，覺得自己就好像舌戰群儒的說客，直到後來冷靜下來，我才發現根本是「雞同鴨講」。

從那個時候我就明白了一個道理：有的表達之所以很無力，是因為你只是為了自己想說而說，不是為了讓對方瞭解而說。你沒有任何解決辦法，你只是在講自己最想講的，並沒有從對方的角度出發，說出讓他們能接受的答案。

後來，我學會了敷衍幾句，學會了反問。誰問我怎麼還不結婚，我就說：「我也很急啊，可是現在就是找不到對象，你有沒有誰可以介紹給我？我不太挑……」

這樣的對話重複幾次之後，我逐漸明白了，很多時候親戚朋友問你「怎麼還不結婚啊？」其實未必是真的關心你，只是無聊時需要一個話題而已。因為不問這個，他們也會問你「一個月薪水多少啊？可以存多少啊？……」對他們來說，並不是真的想要一個答案，只是想開個頭而已。

除此之外，結婚還意味著人生的狀態。當大家聚在一起的時候，很容易針對異己，什麼叫作異己？就是和他們不一樣的人。「你表弟表妹都結婚了，孩子都生出來了，都快要可以來要紅包了，你怎麼到現在還沒打算結婚？」

你要學會允許這種好奇心的存在，也要找到更好的回應方式。

我看到很多人都在教大家怎麼反擊，甚至還把一些嗆人的話寫在衣服上，讓對方不必開尊口，我覺得這些都不過就是博君一笑罷了。如果你知道催婚這件事為什麼發生，也就有了一套答案，那麼到底是敷衍過去，還是要硬碰硬，其實都無所謂。

重點是，你在說那些答案的時候，是笑著說，還是壓抑著怒火說；你說完之後心情是坦然的，還是氣得三個小時都不能平靜。

當我逐漸看明白這些之後，心態就平和了。

漸漸地，我也學會了一些和親人的相處之道。

以前我老媽經常會忽然打電話給我，其中有好幾次我正在開會。

看到我媽打來的電話，心情就會一下子變差，每次我接起電話，都會冷冷地說：「我在開會，待會打回去。」後來我問自己，如果這是一通其他人打來的電話，我也會這樣嗎？

我想了想，或許是因為，這是我老媽打來的，我才會火大：為什麼要在我上班的時候打電話呢？不是昨天才跟妳通過電話嗎？妳不知道我很忙嗎？

想到這裡的時候，我忽然意識到，原來在我心裡，雖然自認父母一直都佔有很重要的位置，可是我在對待他們的方式上，他們好像連一個陌生人都不如。

因為他們很重要，所以我也用很高的標準要求他們，但是，這其實很不公平。

我不能阻止一位母親對兒子的惦記或者擔心，哪怕她沒什麼重要的事，哪怕她要和我說的就是一些最近哪個親戚的孩子又怎麼了的小事，我也需要給她一個這樣的機會和溝通的橋樑。但我平時有工作在忙，我的忙碌並不是父母所能理解的，比如我加班的時候，父母就會說，為什麼不回家？這樣的工作那麼累幹嘛還做？快點吃飯！別把身體搞壞了。

我要做的，是在自己的忙碌和父母的關心中找一個折衷點。

後來，我固定在每週一晚上打電話給我媽，並且逐漸形成一個規律。**從那時候起，我不再只會報喜不報憂，我會告訴她我升職加薪的消息，也會告訴她我出包了、加班了。我希望讓她明白，北漂到大城市打拚，沒有什麼東西是白來的，妳兒子在努力，而他只是一個資質平庸的人，即使在妳的眼中他很優秀，但在這裡，優秀的人太多了。**

另外，我需要學習、需要認識世界，不論是再求學還是出國，對我來說都是認識世界的一個途徑，而不只是單純的像父母說的那樣，為什麼不把錢存起來？白白浪費錢有什麼用？

我透過一次又一次的談話，終於讓父母明白了——孩子長大了，他的見識是來自他看待世界的方式；他有能力承擔選擇的結果；他辛苦、忙碌，但依舊愛著你們。

在我結婚的前幾年裡，老媽總是喜歡在電話裡不斷提醒我，告訴我不要一直負責煮飯，要讓妻子一起做家事，不然習慣了之後，這輩子就真的都是我一個人負責煮了。她還詢問我跟妻子到底誰管錢，甚至還會打聽過年的時候給妻子娘家多少錢。

每次我聽完她的建議都會告訴她：現在時代不一樣了，人也不一樣了，妳說的那些早就不適用了。可能妳看不慣年輕人總是叫外送、動不動進餐廳吃飯的生活方式，但對我們來說，每天下班之後都在家做飯，反而是另一種形式的工作。兩個人生活在一起，都賺錢，彼此都有對金錢的支配能力，其實不涉及誰管誰。我知道妳希望我們好，但年輕人有自己的生活方式。時代不一樣了，如果還想著舊方法，更容易出問題。

這樣的話說的次數多了，她慢慢地也就不說了。

另外，我也遇到了長輩催促生孩子的問題，雖然很早就表示過不打算生孩子，但老媽似乎並不相信。直到有一次又在電話裡提起這個話題，我那次真的是壓不住火氣，說了兩句重話之後就掛了電話。

我想這麼下去也不是個辦法，於是又想了一個折衷的方法：之後老媽每催一次，我就往她戶頭裡存一千塊。直到後來又到了某個臨界點，我就徹底和老媽攤牌，讓她看看自己的戶頭現在有多少個一千塊，那就代表她催過多少次。

我說：「我已經是成年人了，我知道什麼樣的生活方式對自己來說最好，為什麼妳希望把妳的想法強加給我呢？妳知道妳一共催了多少次嗎？十二次！而且也才這三個月而已。如果我不快樂，難道妳就快樂了嗎？我不希望我們每次都是因為這個話題吵到不歡而散，我也在為我的家努力過日子，妳可不可以正視一下我的想法和決定？」

從那之後，老媽沉默了許久，後來就很少再提起這個話題，也算是正視了我的選擇吧！

親情，是無法割捨的牽絆，我們年輕的時候受惠於那個牽絆，成年之後也許會覺得變成了「拖累」，直到失去之後才明白，這個世界上最牽掛你的人不在了，從此你就真的是孤單一個人了啊。

因為深愛，所以才更容易互相責怪。**在和父母從爭執到和解的這幾年，其實就是在和一個指引了你二十年的老前輩逐漸找到最好的溝通方式的階段。**

不要單純地相信血濃於水可以解決一切，有了拆不散的感情基礎，還需要有方法去解決問題。向父母證明我們長大不難，但讓他們真心認可我們已經長大，很難。讓他們願意傾聽我們的想法，認同我們的決定，更是漫長的一段過程。

我是用最笨的方法，不僅僅給他們看到結果，也和他們分享過程。

我們在成長，其實父母同樣也需要成長。

過去是他們在前面帶著我們跑，如今我們長大了，跑快了，別著急回頭埋怨他們為什麼跟不上，多一些耐心，等等他們，就像當年他們等我們長大一樣……

朋友都說我變了

前幾天，老友小天忽然約我吃飯，當時我正在去上拳擊課的路上。算起來，我和小天快一年沒見了，一來是因為我搬家了，和他的居住地距離遠了；二來也因為彼此都年紀大了，所以都懶了吧！

小天大我6歲，所以我是不敢在他面前感嘆自己已經40歲的。記得幾年前他辭職，我當時還以為他是打算養老，特別約他出來吃了一頓飯，問問他關於未來的規劃。結果我發現他其實也沒什麼想法，只是因為遇到了職場上的爭鬥，所以退出來先避避風頭。

半年之後，那場爭鬥有了結果，他就回到原來的公司上班，據說還加薪了。我當時覺得他活得太無憂無慮，40多歲了也不考慮以後的人生規劃。現在一轉眼，我也40歲了，可我也一樣沒什麼規劃，看來當初是我錯怪他了。

「朋友」這個詞，我其實挺好奇的，有些人只能陪伴我們一段時間，陪我們走一小段的路。那些能做一輩子的朋友到底長什麼樣子？見面之後是聊陳年往事，還是說說最近的改變？是彼此相互促進，還是只是一種習慣性的陪伴？

我還沒過完一輩子，所以現在也沒辦法知道這些，不過我和小天的關係，則是隨著這幾年我的忙碌而逐漸變淡了。

「小川，我覺得我們這幾個朋友裡，就你這幾年變得最多，所以有段時間我們都不太想約你。」小天喝了一口果汁，公佈了這個一直困擾我的答案。

「我變了嗎？哪裡變了？除了體重之外，我覺得好像沒怎麼變吧？」我當然是不肯服輸地辯解。

「你有沒有覺得，有段時間你特別在意職位和收入？」小天有些小心翼翼地說。

這句話就好像一顆小石頭，在我的回憶之湖裡投下一個啟動開關。我第一次月薪超過五萬、第一次出書、第一次學會做規劃、第一次完成了一場演講；第一次覺得做什麼都焦慮緊張，連和朋友吃飯都不能接受對方遲到；第一次在吃飯時還跑到走廊用手機做語音直播分享……

「你看，我做到了，不錯吧！你有沒有覺得我現在越來越有自信了？」我以為，我和朋友分享這麼多第一次，可以讓他們知道，我也在持續前進著。

但我獲得的回應，更接近一種戲謔的玩笑，我剛開始以為只是好友間的不好意思，以及我們文化裡比較不擅長讚美他人造成的，但我卻沒發現，原來在他們看來，我變了，變得和原來不一樣了。

也就是那一刻我才明白，為什麼我那麼多次的分享，唯獨我認為的好哥們，從來沒說過一句：「你真棒，你真了不起！」

想到這裡，我忽然釋然了，於是我笑著問小天：「那你覺得，原本的我是什麼樣子？」

小天說：「你原本啊？你原本就是很喜歡寫字，喜歡畫畫，雖然賺得不多，但那時候我覺得你活得很快樂。你也常說，賺的錢夠花就可以了。」

我笑笑說：「那你有沒有想過，也許那份平淡只是我苦於沒有機會的自我安慰而已？」

小天，在我月薪還只有兩萬五的時候，你就已經是年薪兩百五十萬的外商公司白領了，小伍（我另一個朋友）也已經是國內快速消費品企業的扛霸子了。雖然你們都說我有才華，會寫文章、會畫畫，但只有我內心知道，這些東西都無法成為我養活自己的技能，我最重要的收入還是那份固定的薪水，而對我來說，找到現在這份工作純屬意外。如果不是你一步一步教我怎麼面試，怎麼談薪資，我做夢都想不到自己會去一個從沒接觸過的廣告公司，還可以有一個工作機會。所以，你不知道我有多惶恐，我害怕失去這份工作，因為我可能再也找不到類似的工作了。

在換工作之前，我除了安慰自己，平衡自己的心理，讓自己覺得賺錢不必太多，夠用就行，也沒其他的辦法。

而從31歲到40歲這十年，是我拼了命地想證明自己的十年。

我不是爭強好勝，也不是為了炫耀，我只是想告訴自己，我也有能力和大家在同一條水平線上。所以，我才會那麼在意職位、在意收入，因為這些在我心裡都是可以證明自己的標準。

當然，我也理解你們內心的感受，因為我30歲才開始追求或者得到的東西，你們之前就已經擁有了。

我始終相信只有先入世才能出世，先得到之後才能放下。如果什麼都沒經歷過就能看開一切，除非是生活教會了你什麼，或者是你有說服自己的大智慧。但那個時候的我，並沒有這樣的智慧。

年少時候的歲月靜好，對我來說只是無可奈何。

後來我遇到了機會，我嘗試抓住它，拚出個未來。

我很享受這個過程，雖然在你們看來，我似乎變成了一個渾身散發著銅臭的商人。但如果沒有這段經歷，我內心對金錢和名利的渴望也不會消失，只是被掩藏起來而已。

當然，我不能保證幾年後我在你們眼裡是否會變，我也不知道這種變化在外人看來是什麼樣的，但至少對我而言，我很喜歡這種狀態：我沒過去那麼怕了。

和小天道別後，回去的地鐵上，我忽然想明白了一些事情。

早年做廣播的時候，我認識了一批朋友，那時候雖然辛苦，但大家做事全憑興趣，彼此都很有成就感，於是我就組了個電臺，大家輪流做主播。其中有一個女生和我的關係一直都很好，我們合作了很多期節目，我非常喜歡她的聲音，聽起來令人覺得舒緩。因為大家都在北京，所以我還時常約她和其他幾個朋友來家裡吃飯。後來，微信的流行反而使大家的關係變淡了，她默默地退出群組，發給她的訊息她也不再回覆了。

二〇一八年春節的時候，我還留言給她：不管妳還會不會回我訊息，我始終記得妳的聲音。

現在想想，也許是因為，我們都變了吧。我在她心裡又變成怎樣的人呢？是一個對廣播不再那麼用心，耽於個人經營的人嗎？還是漸漸變得不再是她認識或者想像中的樣子了？

有些朋友，並沒有什麼原因，只是走著走著，就不見了。

剛開始出書的時候，我也認識了一批作家朋友，那時候大家都沒有名氣，所以常為彼此加油打氣、一起參與同一個活動。如今，有的人已經過著曬小孩的生活，有的人早就不寫文章了，有的人加入了各種體制內的協會，成了文化名流之一。

我們都是走著走著，就各自走散了，因為沒有任何人的人生路徑是可以重疊在一起的。那些早年的回憶，會隨著時間的流逝而慢慢變得泛黃起皺……

曾有一個和我關係不錯的女生，在我之後也出了書，請我幫她寫推薦文。但那時候我和經紀公司簽約了，不方便自己決定事情，於是我說：「沒關係，我寫個書評吧！」於是我就特別為那本書寫了一篇很長的書評。

後來，她自媒體經營得很好，就辭職創立了工作室，風生水起。有一天，我在豆瓣上看到她來北京的消息，就在微信上跟她閒聊了幾句。她說來北京學心理學，剛好我對心理學也很感興趣，就多問了幾句，例如她在什麼地方上課、有多少人、大概怎麼收費等問題。沒想到，她很不耐煩地回了一句：「你找我有事嗎？你到底想知道什麼？」

我看到那段話愣住了。也許，有些感情的保存期限已經過了，只是我自己還沒發覺。我後來問自己，明明我也有其他關係變淡的朋友，為什麼我不會那麼傷心？明明我自己也會因為社群媒體上的好友滿了，或者討厭看到別人在群組裡發廣告訊息而刪掉一些朋友，但為什麼我面對那些就毫無愧疚？

那些落寞和傷心，大概是因為我以為我們還是朋友，卻發現其實我們早就不是了，而我還沒有做好準備而已。

可是，只要是關係，總會由濃轉淡的。

出地鐵後，手機上出現了一個要求加微信的請求。我許可之後，對方先發來一段我廣播的語音，然後和我說：「我是你電臺的聽眾，我覺得你是一個溫柔的人，為什麼就那麼不願意原諒一位老友犯下的過錯？」

我當時就有不太好的預感。

這位所謂的老友，其實是我剛出書時的一位熱心讀者，聽過我的節目，參加過我的線下活動，當時非常積極活躍。他剛來北京，我總會在他身上看到我當年的影子，所以和他走得近一些。

那時候微信群剛開始流行，他跑前跑後幫我組建讀者群組，還擔任社群管理員。

我的幾個讀者群很快地壯大起來。但也可能是因為人員的暴增，讓他看到了某種趨勢或者是利益，他就以我的名義做了一些牟利的事情。後來，這些事情被我發現了，我非常失望和憤怒，就解散了所有讀者的群組，並且和這個人斷了聯繫。

但是他並沒有善罷甘休，而是又以我的名義再次建立新群組，好多讀者來跟我告狀，我好幾次深夜接到電話，這對我的生活造成了很大的困擾。

那段期間，這個人真的變成了我的夢魘，我幾乎一看到這個名字，就會情緒崩潰。不過，現在我心裡很平靜，可以心平氣和地回溯過去，談我當時的感受，以及後來遇到的一些事情。

我想對他說的是：「有時候關係破裂是不太可能恢復的，所以原諒我沒辦法再當你是朋友，我們最好的結果就是回歸陌生人的狀態。你其實不是在尋求我的原諒，我想，你只是希望自己也能對曾經年輕莽撞的自己釋懷而已。」後來他發來一長串的道歉。現在，我只希望網路另一端的他，此刻也可以和我一樣平靜。

每個人都在變化，每一天、每一個月、每一年。未來我會變成你喜歡的樣子，還是你討厭的樣子？不得而知。

我依舊是一個不喜歡告別的人，所以總是假出高冷和涼薄的樣子。如果你加過我的微信，忽然某天想和我打招呼，卻發現你已經被刪除了，你或許也會傷心鬱悶一下子，但如果你還樂意重新加回我，我也更樂意跟你打招呼。如果我們就此默默分開，也沒關係。

因為，誰不是一邊遺忘別人，一邊被人遺忘？我們都不必悲傷，因為每個人都有自己的路要走。

40歲生日那天，我去參加了《奇葩說》

說來挺慚愧，雖然我早就過了青春期，但還是一直愛看各種網路綜藝節目和韓劇。而《奇葩說》我更是幾乎從第一季就開始追，而且看得熱血沸騰。

第二季的時候，我覺得到處都是高手，特別羨慕那些選手的表達能力和邏輯，隨便聽哪一方說都覺得很有道理。聽到第三季要招募選手的時候，我心裡蠢蠢欲動，但猶豫了很久還是不敢去。

第四季了，我終於鼓起勇氣，按照徵募條件，錄製了一個短影片，結果還是石沉大海。然後第五季又開始徵件了，我下定決心去參加海選。

可能是我特別喜歡的節目，也可能是和選角導演聊得很開心，總之，去現場做最後選拔那天，我激動極了。

而那天，我40歲了。

我不知道別人40歲的時候在幹嘛，我40歲的時候坐在《奇葩說》最後選拔賽的現場，表面假裝平靜又鎮定，心裡其實非常害怕。

我們這一組是「網紅組」，有之前參加過模特選秀節目的孔令令、一個專門做評選類影片的網紅、一個大學是辯論社的幼稚園老師、一個好像在美妝界頗有名氣的，太多高手，實在無法全部記住。

現場發揮的時候，我就覺得自己還行。大家都是模仿《奇葩說》的選手，不是怒吼就是步步緊逼，遇到分歧就直接反駁對方，反正不同意就對了。

現在想想，可能更像模仿秀，每個人的個性和標籤都不太突出。

現場架著兩台錄影機，台下一批年輕觀眾，我把自己想說的都說完了，有那麼一瞬間，覺得自己就像明星！

但兩週咻一下就過了，我沒收到導演的任何回饋，估計是沒戲，我只好厚著臉皮去問了一下。編導說，大導演覺得那一場大家都表現得很一般。看樣子自己是被淘汰了。

去《奇葩說》之前我許過一個心願：這輩子要勇敢一點，哪怕只有一次。我對自己說：不要總給自己設限，不要覺得到了什麼年紀就應該怎麼樣，或者必須怎麼樣。

我們從小被父母教育要活成什麼樣，長大之後被社會教育要做出什麼樣。當我們有一天找到了自己存在的價值，又有能力支配一些事情的時候，那就該嘗試一下擺脫限制。

別人不能要求你必須活成什麼樣。必須談戀愛，必須生孩子，必須功成名就，必須年薪百萬……很多時候，這些事情都是自己要求自己的。

我是個保守的人，可能還需要加上「膽小」這個缺點。對我來說，如果生命的最後還是會和一般人一樣，變成一個循規蹈矩的人，我希望自己在年輕的時候可以做點「特別」的事。

比如，去參加《奇葩說》，且不論選不選得上，能參加一次就是好事。

比如，嘗試錄個短影片，內容可以說說服裝穿搭，可以說說美妝護膚，還可以說說日常生活，就當作一個好玩的東西。

比如，繼續深造學習。

比如，辭職空出一年時間，去另一個城市生活。

比如，買個位在海邊的房子。

我今天把這些「比如」寫下來，有的我已經做到了，比如我去香港大學攻讀了一個專業；比如我開始錄影片，雖然觀看人數往往只有兩位數；比如我去上了《奇葩說》，雖然沒被選上。但是，這些事情你不寫下來，不說出來，也許就更實現不了了，不是嗎？

在腦袋裡轉的念頭，想到就動手寫下來，或許就是因為寫下來了，距離實現它就更近了一步。

很多時候我們不敢想、不敢說，更別說去做了，因為害怕。

我在怕什麼呢？怕別人的否定，怕同事不理解地問：「你年紀都這麼大了，還想著要當網紅嗎？」我怕家人失望地說：「你能不能做點有意義的事，你做這個有什麼用？」**我就想讓自己開心，不行嗎？讓自己開心難道不是一種用處嗎？**

40歲，我依舊不能活得如此坦然，但至少比過去活得通透、任性一些。

我依舊會在意別人的目光，我也依舊會害怕。

我還記得那天去錄完《奇葩說》，坐車回來的路上，我問自己：如果選上了會怎麼樣？其實我也不知道，不過我曾經因此害怕。

害怕選上了，然後被淘汰。

害怕選上了，比賽表現得還可以，卻被網友謾罵、圍剿……

得到之後經歷失去、容易被他人的意見左右，這兩點依舊是我目前無法跨越的障礙。但至少有一點我很肯定，40歲之後，我希望自己沒有那麼多的設限，沒有那麼多的焦慮。多接觸一些好玩的人和事，活得更自在一些。

有些圈子，放棄也沒什麼不好

我最近一直在讀一些關於整理的書，於是就在家裡的各個角落開始實踐，成果顯著的就是整理書架和衣櫥。

捨棄是一件很艱難的事，一些物品出現在我們的家裡，往往都有各自的理由，甚至代表著回憶。而人很容易把物品當作與過去連結的線索，似乎放棄了這些物品，就等於放棄了那段回憶一樣。

對我來說，整理是功課，而且沒有盡頭。時不時地整理一下，很容易照見自己。甚至，我時常會用整理來提醒自己，現階段的「基本」需求是什麼。我所謂的基本需求，如果要設下一個界限就是：多少件衣服是一年四季穿著的基本需求？一個家庭，如果為了目前的生活需要，有幾件傢俱是生活的基本需求？廚房裡的餐具到底擁有多少才是剛剛好的量？

我曾經貧窮，所以會在有了一定經濟收入之後開始囤積，透過囤積來獲得安全感，證明自己的擁有。

但真正的安全感，其實是心靈富足。

我把自己的心態變化梳理為三個階段——

第一個階段，我害怕被人關注。

我可以做電臺，讓聲音出鏡，但現實生活裡，我害怕成為焦點。人多的場合，我就習慣當個小透明，幾乎沒有存在感。

每個人生或許都會遇到一個契機，這個契機是你改變的開始。當然，改變最大的原因來自你的不滿足。其實我並不喜歡做一個沒有存在感的人，但我又不知道能透過什麼方法來改變，所以只能待在那個位置。後來，我等來一個機會，就是出書。

出書之後，我進入了第二個階段。那些我給自己的要求或者是條件，讓我快速地成為自己曾經想成為的那個人。但那個時候我依舊沒自信，自我認同感很低，我依舊需要借助外力來證明自己的價值，比如作品的銷量、活動現場來的人數等等。

每次做活動，我都會覺得，我何德何能獲得這麼多人的喜愛？當時也因為這個心態，我走過一些彎路。比如，我會嘗試討好我的讀者，扮演他們心中期待的完美角色，會掩飾甚至拒絕承認自己的缺點和錯誤，因為我怕一旦暴露出那個有缺點的自己，就會失去這些人的喜愛，而失去，是我不能接受的。

到了第三個階段，我對自己既沒有特別高估，也沒有低估。我用了很長一段時間，為了讓自己學習放下而做了很多的練習，甚至是嘗試學著任性，一點一點找到自己。我開始明白自己是有價值的，而且不需要外界的一些東西去證明。

如果出書，我依舊會關注銷售數字，但並不會因此定義自己的價值。因為我明白，一本書的成功，是合作雙方和市場環境共同催生的結果，所以如果不成功的話，我會和合作夥伴聊一下，看看對方是否還樂意繼續合作。

在梳理過這些之後的某一天，我終於決定整理我的微信朋友圈。

我前後出了三本書，認識了近兩百位編輯，我有一年甚至不曾買過書，因為有兩家出版機構的編輯會定期寄書給我。

我認識五六個社群的創始人、五十多家線上教育管道的負責人、一些廣告合作客戶、在豆瓣或微信上互相關注的朋友、做職場諮詢時的幾百位學員、新媒體的內容編輯、專欄約稿的編輯以及各管道的工作人員，以及，我辦現場活動時認識的近千位讀者，最多的時候，我的微信上有三四百個群組，未讀訊息多到突破能顯示的最大數量。

幸好，很早之前我就把自己的工作手機和私人手機分開了，不過後來我還是被迫再申請一個新的微信號，但還是會遇上有人在現場要加我好友時，我就得趕緊先把幾個已經久未聯絡的人解除好友的窘境。

有段時間我一直對自己說，要下定決心整理朋友圈，因為一些早期認識的讀者，不知不覺地在群組裡做起了自己的生意；一些原來的職場諮詢學員，人生也一一步入下個階段；一些合作或沒合作過的編輯，也都發生了各種變化。可是每次想要整理朋友圈的時候，就好像要丟掉一件只穿了一兩次的新衣服一樣，捨不得，總想萬一以後還能用到呢？可是自己也知道，哪有什麼萬一！

最初我嘗試做出一個折衷的決定，先把一些人轉移到我的新微信號上，這樣他們就不至於完全失去聯繫，然後，我嘗試退出一些聊天群組、學習群組、微課群組，以及一些當時為了聚會吃飯建立的群組。最後，我開始審視一些所謂的資源，比如網紅號、社群創始人等。他們之中有些人已經取得了融資，有些人與我有過合作，有些則是朋友介紹認識的，只是粗淺地聊過幾句，後來不了了之。也有些人遇到了融資失敗、公司轉賣，最後只得轉行另謀發展。

以前，我覺得這些人都是資源，遲早用得上。後來我才知道：沒打過交道，發展過程不同頻，能量等級不同，不能互惠合作的，都不算是強連結。

即使你們相識於微時，也是如此，大家發展的軌跡不一樣，邁入了不同的階段，後來產生的需求自然就不再相同了。留一個和你沒有真正交集過的人在朋友圈裡，其實沒什麼用，而且在自己心態不穩定的情況下，越看到對方在曬成績，就會越焦慮。為什麼別人都在努力，為什麼別人都已經月入十萬，甚至馬上要邁入財富自由的行列，而自己還在慢悠悠地偷懶，好像什麼都沒做，一無是處。

有時候朋友圈就是一面照妖鏡，有些人可能早就迷失在自己扮演的角色裡。一些群組也漸漸變成了每天被丟進一堆文章，卻乏人問津的死群。

過去在大家都沒出書的時候，建立一個小群聊聊寫作挺好的，你最近寫了什麼，我最近寫了什麼，彼此交流。後來大家都出書了，就互相幫忙推薦，也不錯。再後來，很多人放棄了寫作，因為有更快、更容易的賺錢之路。

有些人有寶寶了，生活重心發生了很大的改變，群裡討論的內容逐漸變成了家長圈的八卦，以及曬曬曬、秀秀秀、打卡、求投票、求點讚。

我想，人生或許就是這樣，我們總要和一些人告別，和那些過去的印象告別，然後才有機會重新認識彼此。

我逐漸明白，如果我要持續去做一件事，我就會再次遇到同樣做這件事的那些人，然後就會和他們再次成為朋友。

所以，能否成為朋友，其實取決於我們是否在追求同一種東西，而不取決於我們是不是在一個群組裡，或者是否在彼此的朋友圈裡。

只要我繼續寫書，就還會遇到不同的出版社和編輯；只要我不放棄做線上教育和內容輸出，就還會遇到不同的平臺和負責人。但如果我不打算再做這兩件事，保留再多相關人員的聯絡方式也沒什麼用。

與其跟著圈子跑，泡在圈子裡，還不如早早明確自己的方向。

如果我們有足夠能量，足夠發光，就會成為焦點。別人會因為你前來，漸漸聚攏，而你，就會變成圈子本身。

成名，其實是一場修行

我在上一本書《努力，才配有未來》的後記裡說到：我也不知道自己什麼時候算紅，也許是微博粉絲破十萬的時候吧！那時候我的微博粉絲只有可憐巴巴的幾千人。後來我又發現，十萬粉絲根本不算紅。

到底什麼是「紅」？

更多的時候，它只是一句自我感覺良好的話，而且是說給別人聽的。

一邊工作一邊寫書這件事，我在公司的一些培訓和會議裡都說過，很多同事都當作笑話，聽聽也就過去了。直到我們分公司招聘了一位辦公室主任，在新員工培訓上，當我說自己出過書，並講出書名的時候，她尖叫了一聲：「我看過你的書！」

其他人這才覺得，原來小川叔是個名人哪。

你看，「紅」這件事，自己說了不算，別人說了才算。

我老媽對「紅」的定義就是，能上知名新聞台，讓全國人都認識的，才叫「紅」。而我每次都哭笑不得地回答說：「除非你兒子哪天搶了銀行，這樣才有可能，而且萬一我是那種笨賊，鬧出什麼烏龍，大概一次就被全國記住。單純靠寫書上新聞，我看是說夢話。」

要成為一個大家都認識的人。這話其實就是想想罷了。很多時候，比較現實一點的考量是：成為一部分人的榜樣，被一小部分人喜歡。能做到這樣就已經很了不起了。成名這件事是雙面刃，卻還是有那麼多人往前衝，為什麼？

很明顯就是它所帶來的利益或者是感受，誘人到足以讓人忽視所有危險。

但凡名利，都會帶來膨脹和貪婪，多大的智慧，做好什麼準備，都很可能無效。唯一應對的辦法就是，先察覺到自己的狀態，再慢慢調整。

我羨慕過暢銷書作者，也曾經渴望成為暢銷書作者，因為很多這樣的例子，明明白白告訴我那才了不起：簽書一次簽三、四個小時，排隊排了上千人，一做活動整個商場都震動，一拍照全鏡頭裡都是他的書……

我的羨慕，更多來自一種展示，他們給我看到的就是獲得成功的姿態。直到後來，我反思，難道這就是成功唯一的方式和界定嗎？

我以前寫過這樣一句話：所有的得到都是為了放下。

因為在我看來，訂下一個目標，之後去努力完成這個目標，其實你在實現目標的過程中的所見所感，要遠比實現這個目標更有意義。

所以，有些東西你一旦得到，要不了多久你就會放下。不過，這句話的後半段我沒有說。我沒有說的是，選擇放下，一部分原因是你覺得索然無味，就好像我最開始出書時，會以金錢或者銷量為目標，達成之後我其實沒什麼狂喜，反而會估算自己在其中付出的時間成本和金錢成本。選擇放下的另一部分原因是，你會迅速地找到下一個更大的目標，然後又周而復始地去追求。銷量破十萬，你就會想著破二十萬，破了二十萬就想著可不可以到五十萬甚至一百萬。

當粉絲量破十萬，你就會想著有沒有更吸睛的合作方式和主題。如果一個主題點擊率高、反應很好，就會立刻想有沒有類似的可以再做。

我們所知道的一些人，尤其是一些明星，這樣的事情做得還少嗎？為什麼我們明明擁有了，目標也達到了，反而更加不快樂，或者更焦慮？

因為，人都太不容易滿足。

我把成名當作一場修行。出名會帶來名和利，一般人在面對這種衝擊後，首先打動他的可能不是賺了多少錢，而是被肯定：「原來還有這麼多人喜歡我。」這種肯定帶來的自信，往往會大於金錢的魅力。

之後是面對金錢和誘惑催生出的欲望，一部分欲望是逐利的。如果窮過，對金錢會有一些執念，而且金錢在某種程度上會給人內心的安全感。

還有一部分欲望是自我膨脹。

一個人自信是好事，但自信過頭，尤其是一連串的成功被疊加之後，就會去尋找所謂的成功方法，然後面對各種機會的時候，會覺得自己無所不能，變得什麼都想要。那之後就會受挫，嘗到失敗，重新思考自己到底適合做什麼，最擅長的地方在哪？是要向這個目標前進，還是回到自己擅長的領域深耕？

成名，解決不了思考帶來的痛苦，自然也解決不了選擇題的糾結。

那些一般人該有的痛苦，成名之後也會有，甚至有時候還會被放大，選擇的時候更會有所顧忌。但是大部分的成名，會讓成名者變得更好。

比如寫勵志書的人，往往自己會變成「勵志者本人」，而一旦這樣開始後，目標是什麼就顯得尤為重要。

被人喜歡，的確會催生很多的動力，自我的反思和梳理也會帶來一些方法和路徑。而這些方法如果可以結合恰當的輸出模式，就會變成具有更大商業價值的課程或者是訓練營，成為下一個創造財富的工具。可往往越是這樣，自己要經營的東西就會變得越多，需要改變的也就越多，而同時，或許失去的也會越來越多。

因為，凡事都是有限的，有限才更顯珍貴。

時間是有限的，全部投注在工作上，能分給家人和朋友的就少了。

精力是有限的，全部給了你喜歡的，超支了，身體就會反抗。

機會是有限的，合作機會擺在你面前，如果接了就會有大量的時間和精力支出。

我是凡人，沒辦法抵制誘惑，原本也不太會拒絕。我雖然一直都自卑，並且嘗試著把自卑變成謙卑，但在有了一點小名氣之後，也一樣會走錯路、會自我膨脹、會盲目自信、會目中無人。

我曾經嫌棄過這樣的自己，甚至總在想還不如回到過去。當然，有些事，是回不去的。而且，過去並沒有我們想得那麼好，想回去，只是貪圖那種熟悉的安全感。

很多年前我做電臺，被聽眾喜歡，有留言的、有寫信的、有發小禮物的，甚至還遇到過順著地址跟蹤到我家樓下，看見我去遛狗之後給我留言說，你穿紅色的連帽上衣挺合適的。於是，我把自己的照片發到網上，結果反應兩極化，一部分吐槽說，真的是眼睛業障重，破壞了對原來聲音的想像；還有一部分則覺得無所謂，反正就是衝著聲音來的，外表怎麼樣並不影響。

你要做他人喜歡的你，還是任性做自己？

坦白說，我真的猶豫過，甚至包括後來出書選封面，我也會把幾款封面設計丟到聽眾社群裡，問問大家的意見。

我原本以為自己準備好接受所有了，但後來才明白，這趟修行其實是沒有止境的。因為變化每時每刻都在發生，你以為的準備好，只是在腦子的演練，當真的遇到事情後，那種無力感和手足無措，真的讓人很想逃走。

我徹底放下，是在我獲得中國最大網路書店當當網評選的「全國正能量作家獎」的時候。

第一年，我入圍了，當時很高興，看到投票榜單上有自己的名字時激動不已，但是沒被選上。

第二年，我又入圍，我想著，要不就厚著臉皮幫自己拉拉票吧！結果還是有點拉不下臉來。最後排名第四，那一年是前三名要到現場領獎，依然沒我的事。

第三年入選的時候，我剛開始心態挺淡然的。後來看到讀者群裡，幾個管理員每天都在幫我拉票，我就想著，自己還是要試一把，好歹自己盡力了。

最後投票截止的時候是第五名，我本來已經放棄希望了，結果主辦方說，今年擴大了選擇範圍，取前五名。於是，我去現場領獎了。

在自己的小世界裡還不覺得有什麼，到了現場才發現來的都是暢銷書作者，大都是網紅和名人，有早就聞名但從未見過面的作家，也有彼此惺惺相惜的名人。我突然覺得自己特別渺小。本來寫了一段獲獎詞，也背了很多遍，卻因為一些外在原因，導致輪到我們領獎的時候，主持人用催促而堅決的語氣說：「來！每個人一句話就可以了。」

我心裡太多的話都沒什麼機會說，只能尷尬地跟著第一個發言的人說：「感謝當當網，感謝這個時代給了我們很多機會，才能讓我們有機會走到台前。」

頒獎活動結束，當我回到家時，已經是深夜了，想起還沒吃晚飯，而家附近只有一家小麵店還開著。於是，我把獎盃放在油膩的桌子上，拍了一張照片，算是給自己一個交代。那一刻，我就覺得：「嗯，夠了，可以了。」

不同的年齡階段會遇到不同的人和風景，不論是否成名，我們都會學習放下一些事、放下一些人。以前的我很怕失去，怕失去機會、怕失去讀者，怕錯過了就後悔一輩子。

現在，我覺得，有些東西，失去是遲早的事；有些人，告別是早晚的事。用珍惜的心態，對待每一件事，接納所有的遺憾和差錯，也是挺好的。

賺錢和工作的意義

有一次，我和在香港大學進修的同學聚會。這是我讀的第二個專業（企業教練與領導力培育專業），班裡的同學一半以上都是人力資源出身的，只有幾個人不是做這行的，其中一個就是我。

CCLD是「企業教練與領導力培育」的英文簡稱，我當時選擇這個專業，其實更多的是希望提升自己的溝通能力，找到應對不同溝通模式的方法。被同學們問起選擇這個專業的原因時，我說，我之前讀品牌行銷專業是為了加強自己的行銷技能，讀這個專業是為了加強溝通技能。大家就起鬨說：「你幹嘛要加強，你話很多了啊！」

於是我大聲地說：「因為我以後要做企業創辦人。」

說完這句話之後，大家都「哦～」了一聲，然後笑了。

成年之後的學習往往需要目的性，沒有目標，很難堅持下去。也許我說的這個目標剛好被同學們認為合理，也許在我的內心，也是這樣告訴自己的。但細細想來，年薪百萬也好，自己開公司做個創辦人也好，真的是我內心真正的想法嗎？

辭職的這段期間，我沒覺得日子很難熬，反而覺得輕鬆。不寫書的這段日子，我先後做過兩家公司的股東，參與過好幾個新專案，帶過很多學習社群，我發現，我其實不認為有一天我會開公司，我甚至沒想過開了公司要做什麼。可能從專業的角度來講，去幫別人企劃公司項目之類的，我還比較有邏輯，但讓我開公司當老闆，我就覺得太辛苦了！

賺錢這件事，快感挺難被超越的。人生第一次月薪超過5萬的時候，銀行存款第一次超過50萬的時候，這些足以讓我銘記半輩子的快樂，是你後續賺到多少個50萬，月薪超過5萬幾倍都無法超越的。

年輕時我總是羨慕那些上班族，覺得他們收入高、消費高、穿著很時髦，可是等到我自己成為其中的一員時才發現，那些身不由己、箇中甘苦只有自己知道，而大部分時間花在加班、追逐評比，我也一度迷失了。我開始問自己：這是我想要的嗎？還是我只是在模仿記憶裡見過的那些我認為很高端的人？

我至今依舊喜歡工作，只是這個範圍更大了。

對現在的我來說，做飯、陪家人、遛狗、畫畫，所有和愛好有關的，在我不上班的時候，就成為我的工作。

在辭職的那段日子裡，我做了一個幸福帳單，就是用記帳APP設定一個虛擬帳戶，把每一件打算要做的幸福小事都標上一個價格，按照挑戰的難易程度來區分。比如，喝茶：兩百五十塊，遛狗：五百塊，給自己做一頓飯：八百塊，給家人做一頓晚餐：一千五百塊，拍一個短影片：兩千五百塊，健身一次：三千塊，然後每天記錄和統計一下今天做了多少件小事，收入多少錢，我會覺得很開心。

我用了差不多十年的時間，終於找到了自己的價值。

這份價值不再來自我的工作、某個公司老總的讚美，不再來自我買了LV包、穿了訂製西服，而是我終於可以證明——即使不上班，我依舊有能力養活自己，我有本事把每一天都規劃得很好，我可以找到一些和錢無關，但能增加幸福感的小樂趣，我相信自己可以越來越好。

那個曾經活在黑暗裡的、小小的、自卑的我，沒有消失，沒有被後來的我給埋起來，而是學會把家裡地板打掃乾淨，學會自己換窗簾，找到自己能發揮的副業工作，賺到錢，換到一間大房子住；也學會了笑，學會了真誠但有分寸地對待別人、學會表達自己的感受，而不是發洩情緒。還有，學會自己看到自己的亮點。

我不知道，這是不是就叫做「自信」。

30出頭的時候，我從一個自卑的階段轉向了自負的階段，那個時候我一直渴望發光，希望擁有舞臺，那個時候我努力得讓人害怕，自信得有些強勢。後來，我讀到了一句話：「光而不耀」，從此我把這句話當作自己的座右銘。後來從出書到演講，從做好正職工作到開拓副業，當一切的一切在我歷經取捨，逐一完善之後，終於有一天，我在一個陌生的地方做演講，不需要再介紹自己是誰，出過什麼書，有多少粉絲，只需要開口分享兩分鐘的內容，就獲得了掌聲，就能被人認同。

在那一刻，我想，去掉那些鋒利、耀眼的浮華之後，我還是跟著歲月沉澱了一些東西，而這些，或許才是光而不耀的開始吧！

永遠對世界保持好奇，明白自己可以賺一些錢，也可以放棄賺另外一些錢；擁有賺錢能力，有賴以生存的技能，三年或者五年嘗試更新自己的想法，精進自己的相關專業或者理論；擴大對工作範圍的定義，把生活裡的每一件有意義的事情都當成工作去完成；善待家人、珍惜時間，明白家庭對自己的重要性；找到內心裡的「空洞」並嘗試去修補，懂得給自己減壓，並且釋放更多的正能量，不斷提升對幸福的研究和對生活的理解；愛讀書、愛乾淨，保持感性和理性的平衡。

我想，這便是我如今對生活的看法，賺錢和工作成了值得一生去探索的主題。

【第二章】職場進階：找到職場升遷的內在邏輯

從那一刻開始，我明白，
不要讓自己處於安全期，要養成危機意識。
當你不能給企業提供更多的驚喜，就是你失去價值的時候。

我是怎麼當上總監的

最近讀松浦彌太郎的《給40歲的嶄新開始》，裡面提到了一個有趣的方法，就是給自己過去的人生做一個大事記年表，尤其是從31歲到40歲這十年，回憶一下過去在什麼時間，發生過什麼事情、遇到了什麼人、有了什麼轉折。

我覺得好玩，就嘗試寫了一些。

我從31歲來這家企業，到離開的時候40歲，不知不覺待了近十年。

我來的那一年是二〇一〇年，那時候我剛從廣告公司跟著上司一起跳槽，新公司給我的職位是「推廣部經理」，但人力資源部的年輕女孩第一次叫我經理的時候，我的臉唰一下紅到了耳朵。

從來沒有人這樣叫過我，我覺得我得到這個職位只是因為把握到一個不錯的機會、剛好遇到了一個很強的主管，而那時候我31歲了，開始領悟到過了30歲錢有多重要，所以就和主管進行了一次還算成功的談判，來到了這家新公司。

但我其實認為自己骨子裡還是那個沒什麼自信的小文案、一個對房地產不太瞭解的雜誌編輯。起初，雖然我入職在總公司下的分公司，但當時和總公司人員一起辦公，所以並不覺得有什麼差別。最大的感受大概是：總公司的各種「總」特別多，動不動就是張總、王總、李總、趙總的。那時候總公司剛剛進入擴張階段，所以招了一批人，最多的時候我們有八個分管不同業務線的總經理，我們都在背後叫他們「八大金剛」。

而所有企業的發展，看似不同，其實都有規律可循。

任何一個企業的發展，最開始是擴張、多元經營，不知道自己到底能做什麼，所以什麼都想做。而在經歷過這個「大躍進」的發展階段之後，企業會逐漸明確自己擅長什麼、以什麼業務為主、什麼業務為輔，也就會開始進行人員的整合和更換。換句話說，我們找工作要找發展中的企業，因為在發展中，機會更多。但壞處是，因為一切都在嘗試和變化，所以風險和變動也比較大。

我的新公司賺完第一桶金，有了實力之後，就開始了擴張的步伐。老闆雄心很大，差不多3年就會完成總公司化的進程。對比小公司來說，總公司化顯著的特點不僅僅是戰略版圖的擴張，還有融資和談判實力的增強。對於房地產企業來說，一個不到百來人的小公司，和一個擁有七家子公司、上千人的大總公司相比，能爭取到的資源是絕對不同的。

在經過了兩年左右的擴張期之後，公司進入穩定期，一般的工作人員和高階管理者開始更換。歷史上有很多朝代在打下江山之後，都會不可避免地進入內部整頓期，團隊也一樣，而這個時候原來的大將和老臣如果居功自傲，或者休養生息、止步不前，都會成為企業管理的大麻煩。

在企業管理中，老員工最難管，也最難安置，走馬換將、杯酒釋兵權是常有的事。終於有一天，「八大金剛」解散了，公司進入集權管理時代。在經歷了人才大擴張的時代之後，公司開始把視角從向外招人才，轉向對內培養人才。這時候，內部員工的春天就來了。

以上我總結的這些，是我今天站在過來人的角度寫的。因為那個時候的我做為一個職場新鮮人，根本不懂這回事，就是悶著頭乖乖做好份內的工作，想著只要跟對主管，什麼都對了。只可惜，在職場裡，有時候主管也是不靠譜的。

我在新公司到職不到半年，我的上司可能是不太適應甲方的工作節奏，辭職出國留學去了，留下我孤軍奮戰。剛好公司吸納人才，來了一個總經理，是個女的。當時團隊內鬥非常嚴重，空降者更是不好存活。不好存活的原因是，本以為空出一個位置，老員工有機會晉升，現在空降了一個新人，奪走了老員工的晉升機會，這很容易引發眾怒。

這位總經理的到來引發了軒然大波，原本等著升職的副總臉色一變，對她各種抵觸和對抗。我當時歸另一個副總管，也就是我那個後來去留學的主管，老總無兵可用，就把我調過去當她的小跟班。

我位卑言輕，加上當時本來就沒自信，總經理有機會帶我學習，我自然是非常樂意。因此，另一批同事就在背後罵我「狗腿」，我也管不了那麼多，上面叫你做，你敢說不嗎？我自己又天性好強，總是希望把工作做得好一些。就這樣，我得到的回報是入職一年加薪了三次，獲得了當年的優秀新員工獎。所有入職的新員工只有兩個人被選上，我是其中一個。我的年底績效考評是110分，滿分。當然，代價就是被那位原本想升職的副總恨之入骨，之後被慘整一年之久。

見識了職場的內鬥，也見到了一些齷齪的小動作，但這些都沒有打消我學習的欲望。那時候，對我來說，什麼都是全新的，我就像一塊乾燥的海綿一樣。入職一年來，我做了一大堆的事，比如，負責六場、五百人公司的培訓課程，做了三本雜誌，並獲得了地產圈的最佳內部刊物獎，還接到了三個專案，同時兼任總經理的助理加拎包小弟。

我那時候所做的一切，都只有一個目的，就是希望在這個公司活下去，能學點東西，多點自信，對得起「部門經理」這個稱呼。

不久之後，企業人才整合，老闆一頓飯就把總經理調去總公司作其他部門負責人，不知道是因為聽了副總的小報告，還是因為團隊內鬥嚴重，懷疑起總經理的帶隊能力，但這些都是我的個人猜測。接著，又空降了一個總經理，這次是個男的，後來我們叫他老孫。

老孫算是教會我如何帶人的啟蒙老師。他上任不到半個月，就把整個團隊的風氣帶上來，還幫大家爭取了許多福利，把副總也安頓得服服貼貼。之後就以鐵腕手段把團隊成員換成他過去的部屬，當時我都被嚇傻了，回想起那個階段，對他真的是又敬又畏。關於老孫的故事，以及我在他手下如何成長，包括後來我如何去找副總談判獲得和平共處的機會，這些經歷都在《扛得住，世界就是你的》那本書裡寫過，這裡就不再重複了。

二〇一二年，我來公司兩年了，把內部的人際關係都摸透了，我也有了一個榜樣，或者說是偶像一般的主管老孫，也有了自己的小團隊。但我還是沒什麼野心、沒什麼鬥志，依然希望以做好份內工作為主，學東西對我來說是最重要的。

然後，我就接到了調令——去總公司做品牌經理。那時候，老孫已經帶領我們這些人獨立出去，自己租了辦公室，整天嘻嘻哈哈，沒那麼多上下之分的拘束感。當時，老闆也在試水溫，讓自己的全資子公司的銷售團隊出去接案，去賣別家的房子創造營收。

我當時聞所未聞，覺得老闆是不是瘋了，讓自己的銷售團隊去賣別人的大樓？直到很多年後，我自己也面臨這樣的境況時，才算徹底明白老闆的盤算。關於那段經歷，我在後面會專門來說。

那時候團隊成員都是年輕人，大家心高氣傲，總覺得老闆提的要求雖然不可理喻，但沒什麼大不了的。唉……我們真的是太年輕了，完全忘了對老孫來說，他是否志在於此，他的想法是如何，他的壓力又是如何。

許多年之後，當我坐上部門負責人的位置，每個季度都在看部門的績效和回款，每個季度都在開會的時候聽到可能裁員的消息，我終於體會到了當主管的難處。

總之，我當時憑藉一腔熱血放棄了回總公司的機會，總公司就招聘了新的品牌經理。而我們雄心高漲的小團隊，在半年之後土崩瓦解，因為業務指標沒達成，辦公室直接被宣佈退租，公司全體成員被要求回到總公司。兩週後，80%的人辭職，其中包括我的小團隊。而我是留下的20%之一，我不是不想走，而是我自己也不知道我能去哪裡。

回廣告公司？我不太想再從文案做起，甚至都不想再去拿那25K的薪水。換家企業繼續做內刊？這種事是要碰運氣的，我當時已經做到了主編的位置，你聽過雜誌社有編輯辭職的，聽過誰家雜誌主編能辭職嗎？但留在這裡，更尷尬，我等於是分公司解散被總公司接收的，降薪錄用，灰頭土臉不說，職位還尷尬，因為那邊已經有一位做了大半年的品牌經理，我回來也是品牌經理，這算什麼？

而我回來的第一道難題，除了幫忙組織年底的年會之外，更重要的是要寫第三年的品牌年度計畫。

我知道這就是一份考卷。所有的考試都很難，別把職場看得太簡單了。

對業務來說，如果房子好賣，老闆找你幹嗎？老闆花錢請你，就是希望你憑藉你的專業能力，可以把房子賣出更高的價格。同樣的，對我來說，一個部門根本不需要兩個一樣職位的經理，你拿不出比另外一個更好的計畫，公司憑什麼留下你？

我的那份計畫被打回來兩次，理由都是沒有新意。我也嘗試去問過我的直屬主管，你看重的是什麼？對方的回答是，我不知道，這是你要考慮的問題。

我整整兩週都在加班，而且是無效的加班，逼迫自己寫出計畫，那是我最不擅長的東西，我怎麼知道明年品牌部要做什麼呢？那時候我反覆逼問自己，我是不是真的能力不夠、不適合這份工作？我行屍走肉一般地逼著自己，假裝看起來很努力。晚上十點下班，我訂好外賣，在位子上邊吃邊看綜藝，哈哈大笑，然後再去洗手間裡乾嘔，吐得乾乾淨淨。

壓力，是最可怕的東西，可以逼瘋一個人。

沒有人指責你，但你就是覺得，自己一無是處。

直到後來和以前廣告公司的同事聊天，當我在羨慕她可以繼續做行銷的時候，她則羨慕我有機會做品牌。我倆照鏡子一般的彼此羨慕，我才突然明白，在我看來是困境，在別人看來卻是機會。

過去我曾經不只一次問自己，為什麼我老是選擇繼續當下屬？明明眼前就出現了讓我可以擔任領導者的機會，為什麼我卻退縮了？

我總是怕出頭，總想當個輔助的角色就好，總希望有人幫我扛著，我做簡單一點的工作就好，但這樣的日子，遲早會到頭。我遲早要承擔我該承擔的一切，包括壓力、絕望，甚至是自我否定。

人的成長，都是先從內心開始的，內心堅強了，外在就會在一夜之間發生變化。我活了30多歲的那一晚，第一次思考明年我要做什麼，也是從那個晚上開始，命運把我推到了一個要求我自己為自己做選擇、判斷、計畫並且落實的時刻。

當一個人被動的時候，他的確是最好的執行者，但執行力永遠都是80分以下。

在一個不是你主動提出的事情上，你永遠只能做到80分，你可以讓所有人滿意，但你不能創造驚喜。**只有當你把「要我做」換成「我要做」，當你把你做的哪怕再微小的一件事，都當作自己署名的作品一般，你才能靈感迸發，你才能光芒萬丈，你才能思如泉湧，你才能戰無不勝。**

我重新審視了明年常規要做的四項工作內容，我每一項都在自問，我最想做什麼？我還希望這個項目可以怎麼玩？有沒有什麼更好玩的方法？我是否能找出新意？我能總結成一句話或者幾個關鍵字嗎？

這些自問，在以後的每一個年度計畫撰寫之前，甚至在我每一次給董事長的提報裡，都始終如一地存在。

結果，就如你們今天看到的，我站上了擂臺，然後贏了。

我不是贏了對手，我是戰勝了自己。

從那一刻開始，我明白，不要讓自己處於安全期，要養成危機意識。當你不能給

企業提供更多的驚喜，就是你失去價值的時候。

接下來的一年，我的品牌計畫執行得非常到位，並且重新建立了我的團隊。

第二年，我的部門從原來的董事長辦公室獨立出來。我作為部門負責人，開始參加董事長的常規工作會議。參加會議的都是總監以上職級，只有我一個人還是經理，我開始有點嫉妒，卻無可奈何，畢竟我的部門還太年輕，沒什麼成績可言，這時候提什麼都未免有些不合適。我反覆安慰自己說，再忍忍吧，把手裡的專案做完，也許就有一個好的結果了。

我卻萬萬沒想到，以前只是風雲變色，這次是天徹底塌了。

我的直屬部門主管因為一些事情失信於老闆，但老闆也是人，也一樣會有情緒。主管失勢，下屬遭殃也是當然的。她原本過於強勢的作風得罪了很多人，這些人趁機開始反撲。我作為她手下的部門負責人之一，很多次都難逃開會時被正面攻擊的境地，第一次意識到或許升職無望，我的職場瓶頸期來臨了。

二〇一四年，我被攻擊得體無完膚，開始把重心轉移到網路。因為在網上寫自己的職場總結，我被網友關注到了，於是出版了自己的第一本書。我從這本書出發，刻意鍛鍊自己的演講能力和規劃能力，開始把我在企業裡為品牌做的一系列理念，應用到個人品牌的規劃上。

二〇一五年夏天，部門空降了品牌總監，我做了五年的品牌經理，算是終於看到了自己部門的希望。如果你問我是否對這個職位有所期望，坦白說是有的，但對於一個老員工來說，企業往往會對你有一個既定印象：他們寧可相信遠來的和尚會念經，也不樂意相信自己公司五年前招進來的拎包小弟，今天配得上兩百五十萬年薪。這是人之常情。

我們總會用老眼光去看待熟悉的人，不論他如何成長、發展，我們能想到的都是他最開始不堪的樣子，就好像大家都是相識於微的老朋友，可能你根本看不到他在前鋒衝刺的樣子，只會記得當年你們兩個一起躲在小小的租屋處，被房東催討房租時不敢開門的窘境。

打破既定印象是很難的，陌生人可以用包裝來粉飾自己，而熟人則需要兩倍甚至三倍的努力，才能讓大家高看你一眼。因此，上司告訴我這個決議的時候，我的心態很坦然。公司覺得我不值得升總監，所以才從外面招一個人進來。這我理解，這對我來說也是一個學習的過程，畢竟打滾了五年，我雖然有成績，但缺乏系統性。而新來的總監剛到公司，就玩起了職場權謀那一套，趁著我到國外出差考察的機會，逐一找我的下屬談判，並且宣示主權，告訴大家他才是領頭，凡事都要聽他的。

坦白說，這招挺蠢的，但一個空降的領導者會害怕被架空，希望可以掌握更多的實權，讓自己更有安全感也無可厚非。**但是，一個空降部隊如果沒有專業能力，不能服眾，只有表面的管理才能，依靠拉幫結派、分權奪利這種方式，同樣顯示他缺乏管理技巧。**

我出國回來後就感受到團隊氛圍不對，摸了一輪情況大概心裡有數了，看來新的上司打算把我撤掉，換成自己的人，以便他的管理，這就是一場賭局。

所有團隊的老員工都不好管，一來，很多老員工因為常年得不到晉升，很容易變成難管的老油條，空降型領導者就容易被架空，或者管理受阻；二來，很多老員工會對空降者有敵意：你佔了我的位置。而我，不喜歡打小報告那一套，我也不希望像當年那個懷恨的副總。不過，職場不是人不犯你就天下太平。新主管需要安全感，上任三把火免不了會燒到我。只是，我再也不是當年那個被主管在會議桌上大罵就嚇得渾身發抖的「職場菜鳥」了。

你若希望自己在公司裡有位置，或許我們無法做到不可取代，但你要時刻衡量自己的位置以及負責的內容：什麼東西是離開了你，公司需要支付更大代價才能彌補的。公司會在代價面前權衡利弊。雖然有的企業會給新官燒三把火的權力，可以換掉原有的人，但你該換的是無足輕重的人，而不是上來就把核心人才換掉，這就恰恰暴露了你的管理能力低落。

對企業來說，用新人主管存在風險，因為對老員工是傷害，而且，新人也存在包裝和光環效應。在這樣的風險下，如果撤掉一個核心員工，再更換一個新人，那麼這個風險更是大增，而且很容易兩個人都過不了試用期，那這個部門也就完蛋了。

任何一個企業都不敢冒這種風險，除非這個部門原本就想裁撤掉了。

我在公司五年的時間裡，責權分工一直明確，我的下屬從創意到規劃上都無法取代我，從任務部署到向上溝通方面也是如此，這是我確認過的自我價值。我的確擔心我離開這裡未必還能找到同等薪水的工作，但我也很確切地知道，企業現在希望我們部門發力，而我，是這個發動機的一個重要組成部分。

一個主管不能判斷出工作重點，往往就會做出愚蠢的決策。

新總監從我手裡搶奪下屬的那一刻起，他就已經輸了。

多年之後，我終於明白，如果你的主管害怕下屬比他強，那這樣的主管沒什麼可怕，因為他從一開始就輸在格局上。不敢和強者做朋友，害怕用強者當下屬，擔心下屬搶了你的位置。如果你的主管每天考慮的都是這樣的問題，那這個團隊也不必留戀，因為內耗和溝通成本一定特別大，而且和這種主管工作起來也一定很難配合。

當然，那個時候的我還不能總結出這些道理。不過當時我已經出了兩本書，第三本書就要上市，我最大的自信是可以透過寫書養活自己，而且我預估了在團隊裡的位置和價值。既然新總監希望替換我，那我就把這個風險交給公司去判斷。

果然，我的直屬主管沒多久就知道了這個消息，她幾乎毫不猶豫地做出判斷，讓新總監出局。她問我對新總監有什麼印象，我客觀地給出了好的評價，包括對方的人脈資源、邏輯能力等，接著我表示了之後要辭職的打算，因為我已經得知自己的下屬被宣示主權，自己已經被架空，我並不喜歡這樣的工作氛圍。直屬主管說：「你剛剛說他的管理能力比較好，但我覺得如果他不能管好你，那這個人就不合格。」

於是，新總監在離試用期結束還有幾天的時間，止步於此。

我並沒有覺得我贏了，因為他從一開始就輸給了自己。

二〇一六年年初，我被升為總監。但老闆每次開週例會的時候，對我的部門提到最多次的一個評價就是「不夠專業」，覺得我雖然做了很多，但是缺少章法。還是那句話，要改變一個人對你的既定印象很難。

後來，我自費報名了香港大學專業進修學院，有系統地學習了品牌行銷課程。半年後，我為老闆做新品牌提報，拿出了公司品牌的三年發展規劃，老闆立刻對我刮目相看。

至今，我仍然不知道老闆對我的態度改觀，是從她聽說我自費去進修開始，還是從她聽說我去的是香港的一所大學開始。二〇一七年下半年，我通過了老闆的考驗，順利接手了總公司旗下的所有品牌，總共七個品牌的整體進度。

如今，我依舊相信，把經歷的每一件事都當作一個觸動和變化的開始。變化一定是先從內心開始的，不用著急，變化可能都伴隨著痛苦，要學會和這些痛苦相處。你的能力的呈現，可能只是一個機會，或者一句話，「**能讓別人對你刮目相看，那些在他人看來是一夜之間的事，只有你自己知道，你多麼勇敢地走過多少溝壑、險阻，只有把它們踏成平川，你才能獲得屬於你的榮光。**」

你幹得多，就應該賺得多嗎

我表弟最近很鬱悶，因為他在工作中遇到了特別棘手的難題。他們公司新來的總經理之前承諾過他，只要他達成年度業績指標，就升他做副總監。結果，剛過了年，不知道什麼原因，總經理空降了一位總監到表弟的部門，而且這位總監還帶了一位副手來接手表弟的業務。

表弟很苦惱，一方面是他覺得主管言而無信，另外一方面是為到手的職位飛了而懊惱不已。我問他：「你覺得總經理這麼做的目的是什麼？去年的業績你完成得不錯，利潤也達標，該不是因為完成得太容易，所以總經理決定自己接手這塊餅吧？那你得要小心了。」

表弟一臉苦不堪言的說：「這我哪知道，看來我今年升職加薪的夢要泡湯了，我都計畫好等月薪十萬的時候要怎麼用呢，誰知道突然演這麼一齣。」我笑了笑說：

「別說我嚇你，如果高薪那麼好拿，那每個人都是富翁了。**你最大的弱點就是人際關係差，少了這塊木板，就算你升了也未必守得住。**」

我不知道現在的年輕人會不會對月薪十萬嗤之以鼻，這個數字在我30出頭的時候，無異於一輩子都拿不到的天文數字。那時候如果聽到誰月薪十萬，我會覺得對方了不起。直到這幾年，不知道是不是物價漲了，回到老家聽隔壁鄰居說，某某的孩子做直播主，一個月就賺好幾十萬，我忽然覺得有點看不懂這個世界了。

以前，每年春節回老家，遇到親戚、朋友問起一個月賺多少錢，我總是假裝不經意地說，也就五萬多吧！那種不經意，總是被忍不住上揚的嘴角所出賣。我記得第一次月薪漲到快五萬塊的時候，是在老孫手下，當時我們在他辦公室喝茶，旁邊還有人力資源部的負責人。他假裝不經意地說：「公司有一個加薪的名額，我提了你，上面同意了。」

我也假裝不經意地回答說：「那能加多少呢？」人力資源部的負責人就在一旁回答說：「你原來是四萬二，漲完是四萬九，每個月應該還有五千多的交通補助，其他餐費補助和通話費補助也照舊。」我故作鎮定地拿起茶壺，給老孫和自己都倒了一杯說：「嗯，還可以。」其實，那時候的我已經快抑制不住自己要裂到耳朵的笑意。

好不容易忍到下班，我第一時間打電話給老媽，告訴她，你兒子現在也是月薪五萬的人啦！當然，月薪五萬還是要加上交通補助什麼的，這些我就沒說。

那時候覺得自己已經很了不起了，當時我才來這家公司兩年，兩年前我還只是一個月領25K，兩年薪水沒漲過一塊錢，也沒有存款的傻子。那時候的我甚至發下豪語，哪個公司給我年薪五十萬，我就在那家公司做到死！

一年後，我月薪變成四萬二，我對自己說，這還不算。又過了一年，月薪超過五萬了，之後，有關調薪的記憶都停在了那一天。我甚至都還記得，那天我特地去肯德基買了五盒雞翅當作給自己的獎勵。從那一年開始，我銀行裡有了存款，也就是那一年過年回家，當別人問起我一個月薪水多少錢的時候，我會假裝平靜但掩藏不住得意地說：「就五萬多塊吧！」那時候對我來說，月薪十萬還是天文數字。

但在那之後，我變得對薪資漲幅無感，我開始關注淨收入，關注我在公司的職級排名。我們每個公司的職位都分等級，同樣是經理，有的是一級，而有的是十級。

忘了從什麼時候開始，我會把每月的收入記下來，年底匯總得出自己的年收入是多少。我的年薪從五十萬漲到六十萬，然後在七十五萬時停滯了一下，後來卡在一百萬不動了。薪水上漲的背後，帶來的是壓力，是更多的工作任務，是加班，是隨時可能撲面而來的職場鬥爭，是一次又一次的挑戰和難關。我很想對表弟說，**一個只懂做事的人，年薪可能停留在一百萬上下。因為如果你不經營人際關係的話，你沒辦法掌握一定的團隊管理技巧。**

月薪超過十萬之後，我開始不記得數字這件事。我被很多突如其來的任務追得團團轉，不得不面對自己不擅長的人際關係和團隊管理。**每當打擊讓我自信全無，壓力讓我趴在地上喘不過氣來的時候，支撐我熬過來的，往往都不是薪資條上的數字，而是一個疑問：你的本事，是不是就只能到這裡了？**我心裡則有一個聲音在回答，像所有的拳擊手被打得面目全非，趴在拳擊臺上被裁判問你是否認輸的時候一樣，我會出於本能地回答一句：不！我覺得我還行，我還能再站起來。

許多年後，當我在選擇一項業餘的運動的時候，我選擇了拳擊。很多認識我的人都很詫異，而只有我自己知道，這個賽場的舞臺，我已經站了很多年了。每當我腳步沉重，目光模糊的時候，最刺激我的不是「加油」，而是那句反問：就到這裡了嗎？

你認輸了嗎？不，我想我還行。不，我還想再試試。

當我發現我的存款超過五十萬時，其實是一個意外。那時候我還會去銀行補摺，之前每次去自助存款機存錢的收據我也都留著，有一段時間是固定的一萬五，有一段時間是固定的兩萬五，然後每年夏天，我會留意一下總存款來到幾位數。

當我看到五十萬的時候，我恍神了一下。

我想起許多年前那個北漂賺錢的少年，背著五十萬的債。他每晚都睡不好，他怕死了，他怕被公司叫他不要幹了，他怕自己在這個城市裡碌碌無為，他拚了命地兼職，馬不停蹄地換到薪水更高的工作，就是希望有一天可以賺大錢。

也想起當年開個漫畫工作室被騙了，我坐公車跑到特別遠的地方去討債，竟然被對方各種言語羞辱、各種推諉，最後丟給我兩張千元鈔。我手裡握著錢，就在路上哭了，然後隔週又硬著頭皮繼續去要回我的錢。

命運往往會跟你開玩笑，當你越盯著錢看的時候，就越賺不到。當我放寬了眼光，開始懂得要賺錢，先要學會拒絕；要找工作，先要結交朋友的時候，因為一個意外的機會，我賺到了人生的第一個十萬元。

那筆錢只是讓我卸下了壓在心上的大石頭而已，其他什麼都不能證明，不能證明有能力，也不能證明有才華。此後我陷入一段漫長的迷茫且缺乏動力的時期，我不知道為什麼要賺錢，也不知道賺錢的機會在哪裡。之後又是一個意外，被朋友推著去廣告公司面試，誤打誤撞地通過了面試。我待了兩年，依舊戰戰兢兢，好不容易遇到主管帶著我跳槽，才算是我人生第一次感到自己「有選擇」，為自己爭取到了高一點的薪水。

從那之後很長一段時間，我都是為了保住這份薪水而活，我所有的成長都是被迫的，都是不斷遇到危機，不斷解決問題，然後一層一層地蛻變，最後走到了今天。

後來，我的年薪突破一百五十萬。這對自己是一場極大的考驗，它逼迫你去正視自己的弱點，然後去嘗試修補；它逼迫你面對自己的瓶頸期，然後找所有的助力去突破；它逼迫你必須找到自己的價值，找到不被他人替代的理由；它逼迫你必須自信，不然你憑什麼承擔之後的風險？

年薪達到一百五十萬以後，你會變得有目標感，開始留意自己的邏輯表達。年薪兩百五十萬以後，你的抗風險能力會變強，你不會懼怕浮動薪資，反而會把挑戰當機會。

我差不多是在年薪兩百五十萬左右的時候，可以坦然面對職場高管的薪資調整，也就是我們說的浮動薪資。我們公司把高管的年薪按照不同的比例，分成季度考核、年度考核以及獎金等不同部分。這幾年許多房地產公司採用了三七開或者四六開的形式，一來是把核心高管層的個人收入和企業的盈利情況掛鉤，二來我猜想應該也是為了預防高管辭職。

畢竟，如果想離職的話，你可能要考慮的不只是一個月的工資，還有年薪的20％會泡湯。這件事讓我學會從更長的時間軸去看待自己的薪水浮動，包括我會對比每個季度的績效分數，關注公司的財務報表、每月的經營快報和公司目前的產業結構。甚至出去面試的時候，我不僅關注薪資數字，還關注企業目前待解決的問題以及板塊劃分。

公司面臨什麼樣的狀況，決定了公司樂意花多大的代價聘請你，這也決定了你的起薪範圍。部門的板塊劃分決定你未來的彙報決策者以及職級範圍，你直屬主管的思維決定了你在試用期的表現。

舉個例子，如果品牌部歸市場行銷部管理，那麼品牌部就要服務於行銷工作，和銷售數字掛鉤。那麼你就需要有能快速見效的點子；如果品牌部的意見決策者是董事長，那麼你就需要有大局觀，你要負責的是全體的推進和整體的把控，你要變成制定遊戲規則的那個人。

高薪酬則意味著機會更少，競爭更激烈，判斷要更精準，以前我從沒想過自己有一天求職膽敢報價年薪五百萬。但隨著我年薪的提高，隨著我從關注事到關注人，再到關注整個領域的時候，我逐漸清楚了每一個數字背後的隱性要求。

連我老媽都知道，老闆不會白白給你那麼多錢。表弟目前還陷在「我幹得多，我就應該拿得多」的階段，可老媽和表弟都不知道，那加薪的臺階，每走一步都是一次蛻變。**升職加薪的奮鬥路上，壓力和挑戰是你的朋友，不服輸的鬥志是向上的動力，把工作當作展現自我價值的一個面向，而不是全部。**當你的目光不再只停留在錢上，也許才是你真的賺到錢的時候。

記得，提問要更到位，抗壓性要更好。

如何理解老闆是怎麼想的

每個老闆的內心可能都住著一個任性的小孩，儘管他們自己不會承認。企業越大、年紀越大的老闆，越容易根據自己的直覺判斷，也就越容易自信，而這樣的老闆也越有可能安排一些不可思議的任務。

我30歲的時候還在廣告公司，那是一個特別講求創意的地方，也因為如此，公司的年會才更讓人頭疼。那一年應該是公司成立十周年，老闆利用人脈關係，借了一個熱門的展覽場地，希望給公司的十周年慶典辦一個具有紀念意義的展覽。

這樣一來，現場的佈置就變得非常重要。我們全組開會討論了好幾次，但方案一直不討老闆喜歡，於是老闆決定親自下場帶著我們開會。雖然他名義上是公司老闆，但平時更像是一個大男孩，對什麼都好奇，也沒什麼架子。對廣告人而言，廣告公司的老闆更多的時候都是創意和企劃的「老大」，所以大家平時也都以兄弟相稱。

廣告人有兩個毛病，一個是特別喜歡熬夜開會，一個是特別容易自嗨，一自嗨，就忘了預算。我是那次活動的主要執行者，所以我必須參與會議。老闆還叫了財務總監，負責把控成本，畢竟是花自己的錢，他特別希望花小錢就有大效果。

我不知道你現在的老闆是不是也這樣，但我後來才發現，很多老闆都這樣。那時候的我畢竟太年輕，還不知道老闆的脾氣，所以當幾個方案都被否決，但時間已經接近淩晨三點的時候，我有點崩潰了，因為我實在不知道老闆到底想要什麼。

「你希望有好的效果，那你就多給點錢；你沒錢，那就穩穩選個安全牌。我們是廣告人，可我們也不是神，哪有那麼多效果好、價格便宜，還要有傳播力度，客戶來了又能記得住，又覺得好玩、新鮮、刺激的？」

「大半夜開會，不討論出結果不放大家回去，你自己可以回去睡大覺，我們回去洗個澡睡個兩小時，可能又要回來上班，還要開下一個會！沒有什麼最佳解決方案，老闆，你醒醒吧！」

我滿腦子都是這些對老闆的吐槽。

時間晚了，大家都人困馬乏不想說話，於是後來變成老闆自己開始提議，而我則從現場執行的角度去判斷是否可行，財務總監會從整體預算、執行價格來判斷是否超標。最後，看起來就像我和財務總監聯合起來打擊老闆，而且還是有氣無力、不想和他爭辯的那種。

「你說，我們在入口的位置擺個房子怎麼樣？就像那種裝置藝術一樣，客戶來了可以彎腰進去參觀。我覺得我們門口缺少一個比較震撼的直觀景象。」老闆又一次不死心地開了個腦洞。

「那材質以什麼為主？」我看了看手錶，沒好氣地問。指針顯示已經快淩晨三點半了。上午八點我還需要交一個客戶的結案報告，這也就表示我回家洗個澡，睡三個小時就要起床趕到公司寫報告才來得及。

「我覺得可以用硬紙板就好，這樣整體造價還能再便宜一些。我還認識一些藝術家朋友，可以讓他們來指導一下，我覺得要至少半個人高，大家彎腰可以進去的那種，整體看起來就好像我們人生第一次租的房子，不用特別大，但可能也需要有這～麼～大……」老闆開始興奮起來，邊說邊比起來。

「房子有屋頂嗎？」我的這個提問讓老闆愣了一下，很明顯他剛剛只是在考慮門口的佈置問題。沒等他回答，我又補充了一串：「按照你剛剛說的這些，我們需要先搭一個小的走廊，讓客戶有一種侷促感之後，再看到一個空間，才會有豁然開朗的感覺，而這種感覺需要全封閉。所以不管房子有沒有頂，那個走廊都必須有頂，這樣的話一人多高的紙板，不論是牢固性還是承重都會出現問題。」

「按照你剛剛的想法，我們在現場的佈置至少需要6坪大，而且房子如果有頂的話，就需要在裡面架設燈光照明設備。此外，我們還沒有考慮怎麼退場的問題，狹窄的走廊不可能雙向通行，所以還需要一個出口，這樣的話可能佈展面積會更大，整體造價就會上去。而且，還需要考慮紙房子的外觀設計，因為來訪的客戶不可能看到一個像洞穴一樣的東西就敢鑽進去。所以綜合下來，我估計這個紙房子可能會花掉我們一半左右的預算，這個我不知道是不是值得。」

「另外，我們還要考慮這個小房間可以容納多少人；客戶參觀是不是需要排隊；這個紙房子放置在門口簽到處附近，會不會阻礙簽到甚至大排長龍；還有，展覽結束後，這個紙房子沒辦法回收再利用，花這麼多錢就用幾天，不知道財務總監覺得呢？」

財務總監聽到這話，果斷表達了否定的態度。

老闆說：「啊……是這樣啊，這點我還真的沒考慮到。那要是入口的位置用氣球佈置一下怎麼樣？純黑色的那種氣球，最好厚一點不怎麼透光的，鋪滿一地，一進門就像黑色的氣球之海，夠震撼！而且和我們場地整體的白色會形成反差，第一眼看上去也會特別酷，你覺得怎麼樣？」

我說：「老闆，這種黑色氣球因為顏色比較特殊，所以價格也會相對比較貴，一個氣球的價格大概在10塊到25塊錢不等，我們假定一個氣球吹起來之後直徑是30公分大小，1坪至少需要27個氣球才能鋪滿。我們一樓的展廳面積超過300坪，要鋪多少個這樣的黑色氣球呢？

「此外，我們還沒有考慮來賓要怎麼在氣球之海裡移動和參觀。現場簽到台的兩邊還有兩個1.5公尺寬的噴泉池，現在雖然沒有水，但也有一定的深度，鋪上氣球之後，客戶極有可能不小心跌下去。所以我們至少要在噴泉池旁邊，每2公尺左右安排一個工作人員做安全提示。我們為了這個展覽要買上萬個氣球，現場可能還會讓來賓扭到腳，你覺得適合嗎？」

「那你說怎麼辦？」老闆被我打擊得有點不高興了。

我當時頭痛欲裂，好脾氣都被磨光了，直接丟了一句：「如果沒有更好的創意，我們就執行最安全的，把這次活動當作一個普通的展覽，現場什麼都不放，大家安安靜靜地看完展覽，走一圈就好了。我們要讓來賓記住我們十年以來的作品，作品本身就已經是亮點了。」

我說完這句話，直勾勾地看向老闆。已經凌晨四點了，我的睡眠時間又少了一個小時。我很確定老闆的眼睛裡有類似火花一樣的東西，一閃即逝，整個人彷彿一下子被抽走了力量，頹喪地坐在椅子上，他喃喃自語：「安全牌是最好的嗎？」

之後大家就匆匆散會了。那時候的我並不瞭解，一個創意人被執行的現實和預算雙重打擊之後的落寞。那次的展覽最後在另外一位總監的建議下，採用了搪瓷茶缸，在入口的位置擺了一面類似風格的牆，又趕買了一批紅色圍巾，象徵抱暖過冬。白色的展館配上紅色的細節點綴也算是視覺對比強烈，我把原來的西式茶點換成了中式的豌豆黃、糖葫蘆、山楂糕等，整體也算是圓滿收場。

那時候的我還只是一個偏向執行層面的員工，更偏重於完成任務，希望事情萬無一失最好，無功無過對我來說就是最大的成功。而老闆要的是效果，對他來說，沒有

效果的事情，還不如不做。可惜我並沒有理解到，始終把自己放在老闆的對立面，總是擺出一副「臣妾做不到」的臭臉。後來我跳槽到另一家地產公司，遇到了我的偶像老孫，跟著他學習怎麼當一個好主管。老孫也接收到老闆提出的一個異想天開的要求：希望老孫帶領的銷售團隊出去接外面的案子。

沒錯，我們作為一個開發商旗下的全資銷售公司，自己的房子現在還沒開始賣，老闆卻讓我們先去賣別人的房子。聽起來是不是不可思議？

當時整個團隊的人聽到這個消息之後，都覺得「老闆是瘋了吧」。老孫笑笑地說：「這不是很好嗎？我認識那麼多老闆，他們手裡都有在興建的項目，你們兩個明天跟我跑一趟。」

他隨手點的這兩個人，其中一個是市場部的辣媽，另一個就是我。

我在老孫身上學到的第一課就是：任何時候都不抱怨老闆下的指令，而是積極地想解決辦法。一個甲方的新銷售團隊，想在市場上接到案子，對手自然是市面上的專業銷售公司，而想贏得比其他公司更多機會，只能靠人脈，這種人脈，是需要酒局來聯絡的。我自己不擅長喝酒，應該說，我不僅不擅長喝酒，還不擅長在酒局中的各種

應酬和拍馬屁。但老孫讓我大開眼界，酒桌上從左喝到右，所向披靡，祝賀詞都不重複。難怪他之前一直都說自己當年是第一名業務，我也算是見識了一次當年銷售冠軍的本事。

當然，我也見識了他在笑臉相送之後，跑到小巷去狂吐的狼狽樣，後來還有一次，他喝到胃出血住院了。不過老孫住院的消息並沒有感動老闆，老闆給出的高佣金、低抽成的策略讓談判陷入了僵局。所謂高佣金就是我們要從甲方客戶手裡拿到和市面上專業銷售公司差不多的佣金，比如賣一套房子，我們要賺取8%的服務費。甲方雖然是老孫的好哥們，但大家畢竟是做生意，我們這個小公司名不見經傳，而且在市場上沒有什麼代表作，能和我們簽約的，看中的一定是我們的性價比，所以甲方開價6%佣金。

生意人做生意，討價還價是免不了的，我以為最終大家會折衷一下，彼此各退一步。結果，老闆又提出了低抽成的要求。低抽成的意思就是，賺來的佣金都要上繳給公司，團隊整體只拿很低的抽成。也就是說，比如賣一套房子得到的佣金是一百萬，那麼一百萬要全部上繳給總公司，總公司再按照年度的完成額度總數，扣除我們的辦公室租金、人事開銷等支出之後才返還到團隊，可能返還的只剩下幾萬塊，而這點錢還要整個團隊十幾個人一起分。如果總公司訂下的年度指標沒完成，那連這幾萬塊錢都沒有。這聽起來怎麼都是一樁穩賠的買賣，老孫跟老闆溝通了幾輪，雙方僵持不下，於是他決定辭職走人。他走後，整個團隊就徹底解散，被總公司收編。

我一度非常無法理解老闆，實在不懂為什麼她放著眼前的錢不賺，非要逼老孫，最後弄得老孫走人、團隊解散，有這個必要嗎？

直到幾年之後，我的部門開始獨立，我需要單獨和老闆提報，每週都和她開會，我才漸漸懂了她的心思。雖然俗話說，用人不疑，疑人不用，然而每個老闆用人則是各有各的原則。我前任老闆的原則就是：用人就是考試，你考過了，我才會把大的任務給你。老闆根本不是希望讓老孫出去接案子，她其實就是想看看，老孫在種種條件之下，最後能不能「擠」出點東西。

這點也是我和老闆相處兩年之後逐漸找到的感覺，**沒有人樂意聽否定的話，老闆也不太愛說否定的話，但老闆喜歡下屬傾盡全力。她想看看，你是不是真的無計可施，現在你拿出的方案是不是真的就是最終稿，還有更好的嗎？**

這種用人的方法到底好不好？我覺得見仁見智。但我從她一次一次開會，訓斥其他部門的主管和給他們逐漸施壓的過程中，發現了老闆的套路。她當年給老孫的考卷，一來是希望看看老孫到底有沒有賺錢的本事，二來也是希望看看老孫的能量到底有多大。但老孫在錢這件事上想得太簡單，解決的辦法也比較粗淺，於是老闆就又提出了更高的要求，想看看面對這個要求他如何破題。

對老闆來說，她想找的是未來可以賣總價超過四百億的頂級別墅銷售總經理，她未必能看得上我們酒桌上換來的區區幾百萬的民宅。她自己隱含的標準非常清楚，如果這個房子你靠關係拿來、靠低價做下來，那我沒辦法看到你的價值點。所以，她會出難題，看對方如何解決難題，考驗對方的能力。

畢竟比起幾個億的房子來說，幾百萬的房子面臨的問題和銷售難度一定小很多，如果小專案的問題你都無法解決，真的把大案子給了你，豈不是風險更大？

我之所以能總結出以上這些經驗，是因為我也親身經歷了這個環節，而且幾乎和當時的情況一模一樣。

那時候，我帶領的品牌部整體發展性越來越好，老闆希望品牌部能夠發揮更大的用處，於是讓我參與別墅專案的行銷指導工作。這個項目本身就有市場企劃人員，我帶著手下的設計師過去，順帶解決案場的一些物料設計等工作，開始的時候大家的權責都不清晰。從決策上來說，老闆在場，拍板的當然是她。但從流程上來說，設計要求都是專案提報，然後設計師開始設計，最後形成提報檔，我在過程裡只把握大方向，那麼麻煩就來了……

人的審美各有差異，我覺得紅色好看，你覺得綠色好看，這都沒問題。關鍵是搭配，你覺得紅色配白色的字清爽，但我覺得不夠氣派。這就是一個設計檔，我滿意了，提交過去之後，市場行銷部的人不滿意，他們要求按照他們的意思改完之後，我又覺得醜，於是設計師又拿過去再修改。

在這種總公司化的公司裡，部門合作最麻煩的是不事先說清楚權重，也就是誰管誰的問題，沒遊戲規則，人人都覺得自己是主管，都可以指點一番。專案的企劃人員覺得我雖然是做品牌出身的，但是對項目瞭解得不多，他們做這個項目兩三年了，憑什麼讓我指指點點。

我自己覺得高端品質和調性，其實是取決於你向誰看齊，所以我在做設計方案之前，給設計師參考的都是高端豪宅的整體色調和字體，你沒有審美觀念沒關係，但你不能一意孤行吧？因為這個矛盾，我和項目負責人吵個不停。老闆當然不傻，自然也看出來了，於是在一次季度績效評估會上，因為我們部門拿了全公司排名第一的好成績，難得誇了我老半天，說我這個階段做的事情有條理，成績不錯、見效快、方案有想法……我聽得正得意，老闆忽然丟過來一句：「我覺得你和你的小團隊應該是全公司目前最有想法、最有幹勁的團隊，完全可以獨立成自己的業務部門，甚至都可以出去自己接業務了，你說是不是？」

我聽前半句還很美，聽到後半句就大概明白老闆的意思了。原來老闆前面說好話，就是為了把我架到那個位置上！我沒有再像當年在廣告公司那樣，有理有據地回絕老闆，告訴她這個不行，理由有一二三……畢竟我也不是當年的我了，我成熟了、長大了，知道老闆說這些話，不僅僅是要給我機會，還希望在給我機會之前，先給我一張考卷。而對於此時的我來說，順風順水的下一步就是瓶頸期，所以與其等著遇到瓶頸期再尋求突破，不如順勢先為自己謀個方向。

我笑了笑，對老闆說：「如果你對我們部門有這樣的期待，請給我兩週時間，我先摸個底，然後再拿出一套經營方法來，兩週之後跟你彙報。」

兩週後，我在給老闆的提報裡展現目前品牌部需要完成的一系列工作內容，主要是希望她知道，品牌部目前在做什麼，工作量是否還有可以增加的空間。除此之外，依據我們目前擅長的內容，整理出了三個可以向外接洽的業務板塊，第一是公司內部刊物的諮詢顧問，第二是內部刊物的稿件邀約和整理、排版，最後是官方微信公眾號的代管。為什麼是這三個？那都是基於我個人在企業內部刊物的獲獎經歷與業界人脈，以及我已經帶領團隊摸索了至少兩年的官方社群媒體經營。除此之外，圈定這三個可獲利的點之後，我也告訴老闆目前這三種業務在市場上的行情價，並綜合了我們過往的經驗和所獲得的獎項，估出我們可以向外報價多少錢，再去推算出我們一年的毛利是多少。最後，是分析與提出我們的潛在客戶是哪些。

不過在這方面，我並不是選擇直接與客戶聯繫，而是透過我熟悉的公關公司，直接承接它們手裡客戶的官方社群經營業務。這樣的好處是我可以單純化，作為一個類似供應商的角色，更專精於幫助他們做社群每個月的主題策劃和提報，以及完成文稿撰寫等工作。

老闆對這個情況非常滿意，而且看得出她沒想到我會把這件事考慮得這麼全面，就像一個新公司一般經營。當然，在報告的最後，我還是得說我為難的地方，例如外接專案可以，但我們缺人手，需要增加一個人員編制。除此之外，三個板塊的業務內容我們都可以做，目前也都有潛在客戶。但如果三個業務都跑起來，我們原來負責的總公司專案可能就需要全面暫停了。因為我們的團隊要先以賺錢的項目為主，而且這些專案需要換算成利潤，當作是我們團隊的業績。當然，我們會按照市場最低標準核算，畢竟都是一家人，但我需要讓我的團隊有成就感。

我的這番話讓老闆很吃驚，因為她可能沒想到，最後我會把總公司的專案也換算成利潤。但我算得很清楚，因為每個人的產出和效能都是有上限的，不可能無限擴大。此外，大家每天上班的時間都是有限的，我們團隊如果以賺錢為目標，每天卻有一半的時間都在完成沒有收入的總公司項目，團隊成員收入難以提高，作為領導團隊的我，就無法真正激勵大家。

老闆聽完我的解釋，點頭默認。接著我又說了一句讓她更吃驚的話：「我希望老闆可以給我的團隊訂下一個業績目標，這樣我會針對這個目標做季度和月度拆解，從中評估每個團隊成員能發揮的效能。如果團隊表現超乎預期，希望老闆可以從我們賺的錢裡挪出10%，當作團隊成員的獎勵。我想我們三個項目全做的話，再增加一個夥伴，估計一年可以創造利潤180萬～250萬的利潤，10%，也就是25萬。我會用這筆錢激勵團隊裡表現最出色的人，這樣明年我就可以培養這個人做項目主負責人。而我可以積極去拓展新的市場，希望第二年可以在三個產品線上都拿下一個新專案，這樣人員成本不變的情況下，差不多可以實現毛利500萬。

這時候老闆看我的眼光似乎有點不同了，眼神有點玩味。之後，她做了決策，在保留公司項目的基礎上，在三條產品線當中選擇其中一條，業績目標由我自己來訂，10%的年底抽成可以給團隊。老闆和我解釋這次也是希望我去市場上練練手，回來才能更好地服務我們自己的項目。

會後，直屬主管一臉笑意地看著我說：「你這次報告做得不錯啊！重點都抓得挺到位的。」

我說：「老闆最後那幾句話，印證了我一開始的推測。依據我的判斷：第一，她一定不想做一個廣告公司；第二，她說讓我出去練練手，一方面是想看看我的本事是否在市場上吃得開，另一方面是希望借助和其他公司的接觸，挫挫我的銳氣，看看我的溝通能力如何；第三，也是給項目行銷團隊看看，證明我是真的有服務經驗，而且能搞定其他公司的人，所以我回頭發表意見也會更有氣勢一些。這次，老闆還看見在承接他給的業務之外，我市場開拓、團隊建設的能力。我想，在這一點上老闆或許有點小吃驚吧！至於最後的結果，就交給時間去檢驗吧！」

在我們外接業務一段時間後，我全面接手了別墅專案的策劃和推廣工作。最後老闆拍板。我歷經了一年的考核之後，算是正式邁入了企業的核心高管層。

每一個老闆都會有自己的脾氣，他們時不時地會有一些異想天開的想法，他們有的希望從下屬嘴裡知道自己想法落實的可能性，也希望聽到讓這個想法更全面的建議，但他們都不願意聽到否定或拒絕執行的聲音。

每一個員工都希望在職場裡擁有安全感，這種安全感大部分是基於「穩定」兩個字，最好有穩定的收入，穩定的升職，穩定的加薪，穩定得順理成章，少一點變化，或者說，沒有變化最好。**而對老闆來說，變化才是企業的希望。嘗試換位思考，站在老闆的角度去思考他提出這些想法的出發點，思考他的用意，看看這份考卷中他的核心訴求是什麼，然後在滿足核心訴求的基礎上，再多給一些意外驚喜。**我始終認為，這是一個成長型的下屬必須要做的。單純拒絕，或者單純去做，而想得太少，都很容易被老闆在成長名單裡除名。

職場的確不好混，老闆的確不好對付，可成長的幅度、視角的廣度，不也就是在這樣的博弈和對抗當中誕生的嗎？我很慶幸自己沒有選擇繼續做當年的自己，我也很慶幸，雖然我一直把老孫當作自己的職場偶像和前輩，但我也沒有選擇和他一樣的做法，我找到了自己的應對方法和原則。我憑著自己的雙腳，一步一步走向了成熟。

領導力：從沙悟淨向唐三藏晉級

有一次，我去長江商學院旁聽課程，聽到一個外國律師講到企業裡的幾種員工。

老闆喜歡有熱情又有能力的員工，都不喜歡沒熱情又沒能力的員工，除了這兩種人之外，還會剩下兩種員工，一種是有熱情但沒能力，一種是有能力但沒熱情。如果要你在這兩個人當中開除一個的話，你會怎麼選？

我選開除那個有熱情但沒能力的人，但其他同學都選了開除沒熱情但有能力的人。當時我不太理解，因為我認為一個人只要有能力，有朝一日一定可以做得好，就算他現在沒熱情，但只要嘗試去點燃不就好了嗎？

而老師和同學們告訴我，一個人如果有熱情，內心渴望去做，這時候只要給他機會和培訓就可以了。技能是可以培養的，能力是可以後天鍛鍊和提升的，但熱情消滅

的原因卻有百百種，尤其是當一個員工已經面露疲態、不想再前進的時候，你只能放棄他，留下那些鬥志高昂的員工，問問他們還有什麼需求。這個認知對我產生了很大的震撼，也為我之後許多年點了一盞燈：**不要在一個企業裡喪失自己的目標和熱情。**

後來我按照能力和熱情這兩個指標做了一個四象限模型，在和下屬分享的時候為了方便大家記憶，我會套用《西遊記》唐三藏師徒四人的例子，從那之後，我逐漸愛上了使用這四個師徒的某些特徵來分析問題。而今天這四個人的特徵，也可以用在「領導者需要的能力」上。

說到領導力，你會想到什麼？領導他人的能力？個人的魅力？

市面上可能會有很多關於領導力的課程或方法，我曾經自費參加過30多場這樣的培訓課，因為我曾認為，我是一個非常欠缺領導力的人。現在我在這家公司做了六年部門經理，也梳理了我的一些經驗和觀察，並總結出「成為領導者」的幾個階段：

一、沙悟淨階段

這個階段的我剛從廣告公司轉職過來，內心並沒有真正意識到自己是一個領導者。我只是因為一個機會意外得到了升遷。我沒有任何管理方法，別說領導力，我連什麼叫做「主管」都不清楚。雖然被推上這個位置，也有了兩個下屬，但我沒覺得自己有多了不起。那時候的我覺得工作其實就是師父帶徒弟、老鳥帶菜鳥。我不太擅長教，我只會做給你看、你再去做，有不懂的可以問我。那時候我還覺得做主管不難，平時和下屬相處也像朋友一樣，卻從沒想過，下屬是不是真的樂意和我成為朋友。

在用人方面，我沒什麼經驗，所以面試的時候更多是看這個人能不能做事，如果有經驗，面試感覺差不多，就通過，讓他們在試用期鍛鍊一下，這就是沙悟淨階段的領導者。

沙悟淨型的領導者通常沒有什麼權威感，看起來平易近人。他們本身不太有自信，也沒有什麼職涯發展目標，所以很容易一切以求穩定為主。剛開始的時候，下屬會喜歡這樣的主管，但時間久了就會發現，這個主管也就那樣，胸無大志。

對下屬來說，沙悟淨型的主管最大的缺點就是不能帶著他們一起成長。換句話說，帶會了徒弟，也就意味著徒弟要走了，因為你不發展，他們就一定會自謀出路。除此之外，這種類型的主管，在用人和識人上幾乎全是盲點。他們更關注的還是完成任務這個層面，所以對於下屬到底有什麼特長、未來有什麼目標，統統不關心。秉持著師父帶徒弟的原則，這類領導者對於別人推薦的、其他部門轉調的、憑著關係進來的下屬，一般都帶有很大的敵意和不友善，他們厭惡複雜的人際關係，也討厭被牽扯其中。

我自己的部門就曾被塞進一個靠關係進來的下屬，說是懂設計、會寫點東西，但我帶了半個多月，發現不論是文筆還是設計能力，她的表現可以說是毫無亮點。我於是直接跑去和總經理反應：「這個人我用不了。」總經理只是搔了幾下頭。最後，那位下屬自己申請調去了其他部門。

沙悟淨型的領導者如果遇到任務繁重的情況，也許會因為處理的事情增多，以及個人受到了肯定，自信心增強，於是開始向第二個階段轉化，也就是孫悟空階段。

二、孫悟空階段

孫悟空類型的領導者，大多自信、強勢，工作能力突出。可能是很多人一開始的起點，因為在組織內部被提拔的原因，大多都是因為表現突出，換句話說，是因為工作能力強而被推舉為領導者的。但工作能力強不代表領導能力也強，換句話說，自己能幹，和能夠帶著他人一起幹、教他人變得能幹，這是兩回事。

我當時跟著總經理，負責的專案越來越多，一年之後被評為優秀員工。這一系列的肯定，增加了我的自信，我開始變得忙碌。後來總經理被撤換，換成了老孫來做總經理，實行了扁平化管理，後來副總上位，執掌內部管理大權，對我打擊很大。不過我當時資歷很淺，想換工作也沒地方可去，只能在那裡熬。看著副總瓜分我手裡的工作。就在這個時候，我的第一批下屬辭職、公司內鬥嚴重、主管又受到打壓，很難熬，但熬過一段時間後，招了新的下屬。這時候公司的局面緩和了，副總招募的新人在接手任務的時候出了很多包，所以我的決策權又回來了。老孫和我一起參與幾個專案項目，給我出了很多考題，測試我是不是一個可用的人才，直到我通過了考驗之後，我負責的業務才算穩定。

這時候，老孫希望帶著我向市場拓展方向轉型，那就意味著我要先把手裡的項目轉移給下屬，我要從團隊裡挑選一個人去負責這個項目。我找了一位下屬去談，結果居然被回絕了，因為對方告訴我，他無意承擔更多，他來這裡工作就是求穩定，不想把自己搞得那麼累。

這讓我第一次發現了自己用人的盲點。**我以前招人，不在意他的個性如何，只從能不能把事情做好來判斷，最後的結果就是：能做事的人不一定願意增加更多的工作量，這也會讓團隊發展陷入僵局。**

我也曾用過強勢手段去逼迫下屬接手，結果可想而知，第二批下屬也選擇離職。下屬的離開，對我打擊很大，我開始質疑自己有沒有領導能力，更換團隊挑選人才的時候我很迷茫，不知道怎麼評估才對，所以決定儘量用有野心的人。可是，等第三任下屬到位之後，我又開始恐慌，因為他能力太強、完成度太高，我沒什麼可以指導對方的。我甚至擔心，再這樣下去，沒多久我是不是就要被替換掉了？

為此，我陷入了痛苦的焦慮，覺得整個人生都陷入沒自信的狀況，我開始去讀書、參加一些領導力培訓課程，甚至去聽了一些心理學講座，希望「治癒」自己內心不夠自信的部分。後來，我認識了許多和我一樣痛苦的人，他們沒自信、也不太會當主管，在聽了他們的故事之後，我自然而然拿他們和老孫這種有領導力的人去對照，我才發現，在領導力的組成要素裡，我還缺了一樣，就是豬八戒的能力——溝通。

三、豬八戒階段

豬八戒型的領導者，很容易被下屬歸類為靠拍馬屁上位的類型。這類領導者如果工作能力不過關，或者下屬裡有孫悟空型的人才，就真的會上演宮鬥大戲，告密、整人的劇情會輪番上演。不過從正向的角度去看，豬八戒的溝通能力是非常值得學習的，但我的問題在於怎麼學習，我一點頭緒都沒有，只能走一步算一步。

我先要求自己每週要組織下屬開一次例會，而且先讓下屬講，然後自己再總結。我強迫自己每月至少找每一位下屬面談一次，至於談什麼、怎麼談，我也毫無頭緒。「但我總要做點什麼。」我心裡一直有一個聲音這樣對我說。

強悍的孫悟空型下屬成長很快，而且野心很大，但這個時候我沒辦法讓我的下屬看到前景，我也沒有辦法去坐更高的位置。而原來靠關係進來的下屬持續和我冷戰，我只能憑藉不斷的加班來舒緩自己的苦惱，假裝自己很努力。但我知道，這樣的作用不大，我找不到突破口，甚至想到了辭職。有了這些想法，我也沒辦法求助於我的主管，因為我不知道該怎麼開口。

後來我的部門獨立了，需要擴大招募人員。面試的時候，我下定決心要從嚴錄取，對我來說，新人就是一張白紙，我想看看自己是不是可以從頭開始。

那是我第一次接觸七年級的下屬，他們和我之前帶的人完全不一樣，他們聰明、希望被肯定。那時候新媒體剛剛興起，我希望招募一位對管理社群媒體有興趣的新人。可是企業的社群媒體經營應該怎麼做？所有人都沒想法、都很著急，這種焦慮讓我在面試的過程中過度在意新人的專業能力，而忽略了她提到離開上一家公司的原因。她說：「整個團隊的人都在針對我，我明明是做得最多的那個，但是從頭到尾沒人支持我。」

在今天我能迅速地解讀出這句話背後的實際情況：是這個面試者出了問題。當你認為所有人都在針對你的時候，比較大的可能是你自己出了問題。而這個問題很可能是溝通上，甚至是團隊合作上，但我當時被蒙蔽了雙眼。

新人入職一個月後，我們發生了極大的意見分歧。她認為社群媒體經營初期應該累積粉絲，所以要多發一些吸睛的內容。而我要從公司企業文化的角度去考慮，單純為了追時事梗而製造的媚俗內容、刻意誇張聳動的標題等等，這些到底和公司的形象符不符合。新人提議把企業的官方社群媒體擬人化，她認為個性鮮明的品牌才讓人印象深刻，但坦白說，我覺得房地產品牌和日用品品牌的差別是很大的，就好像傳統的新聞節目和娛樂性質的綜藝節目不同，這是品牌定位的問題。

可是新人陷在自己的邏輯裡。這場溝通讓我覺得非常累、挫敗感很強，於是我草草結束談話，下屬則繼續按照自己的想法管理公司的社群媒體，甚至還找了朋友來轉發，讓瀏覽量看起來很不錯，甚至向我邀功。直到總公司的副總裁找到我，點名公司的微信公眾號內容亂七八糟，我才終於明白，逃避不是辦法。

痛定思痛，我決定讓這個新人走人，試用期不通過。新人當然不服，離開之前，還在公司的群裡發了一篇千字文，控訴我對她的不理解，以及她認為我什麼都不懂……

我有些心力交瘁，而壞事接二連三地到來。

我發現下屬裡那個能力強的人開始消極怠惰，甚至鑽起出缺勤的漏洞，假借外出採訪的名義，各種遲到、早退。我第一次體會到了深深的絕望，我的直屬主管也發現了這個人的問題，找我聊天的時候直接地點出，要我好好思考怎麼帶好團隊。我當時真想找個洞鑽進去，但逃避依舊不是辦法，上次我假裝對新人不聞不問，最後還是自己收拾爛攤子。我給了那個下屬三次提示，她卻一意孤行。最後我只好請人力資源部直接依考勤制度讓她走人。

我是一個不太習慣面對離別，甚至不知道怎麼說開除的人，但從這件事開始，我明白，如果我不希望主動辭掉誰，那就要在面試的時候把好關。有些人不是能力不行，是我面試前沒想好自己要用什麼樣的人，面試當時也沒想好怎麼用這個人。

之後又迎來新一輪的招聘，我拉長了招聘的週期。由於之前積累了很多經驗，我開始知道要用什麼樣的方法進行考核，甚至還自己做了考題，這一套能不能用，試一次就知道了。

新人在試用期時，我開始更明確自己要的結果是什麼。漸漸地，我掌握到了一些方法，開會的時候我懂得如何去引導話題，如何和大家說目前部門面臨的情況，如何總結每個人的發言，並且提出指導性的建議。我甚至可以平靜地看待提出離職的下屬，並且還幫助對方評估要去的新公司會有什麼優勢，以及可能存在的問題。

人生裡你總會遇到絕境，面臨毀滅性的打擊，你要麼徹底粉碎，要麼絕地重生。在新人的到職離職、我的用人識人之間，我透過增加自己的溝通與協調能力，重新站了起來。

四、唐三藏階段

我從沙悟淨階段開始，逐漸融合了孫悟空的工作能力、豬八戒的溝通能力，但我的能量還不足以達到唐三藏的階段。因為我缺乏自我認知和職涯規劃。

後來，我陸續出版了三本書，為了去全國各地開講座，我去學習如何演講，還去了香港大學上課。在這個過程中，我漸漸地對自己有了清晰的認知。在看到自己的領導之路後，我也終於可以看見下屬更多的可能性了。

就在這時候，我遇到了老闆提出的「無理」要求，希望我們的團隊出去接案子。

我第一時間在團隊會議上公佈這個消息時，是開心的，因為我們的小團隊終於可以自己賺錢了，而且這是多好的機會，換作其他時候，我們可能得自己創業才能體會到這個過程。現在不論我們執行得如何，都有人投資我們，還有人發薪水給我們，是不是令人躍躍欲試？

我的三個下屬都激動了，連平時不怎麼發言的設計師都興奮地摩拳擦掌說：「我還有朋友也想外包設計，我明天問他看看報價多少。」我終於體會到老孫當年的心情。身為一個領導者，就必須要頂住壓力，把前景好的和有未來性的那一面展現給團隊的每個人看，讓他們看到所有的挑戰背後，其實都是機會。

想點燃一個人，需要你先燃燒自己。

當老闆把獲利的業務固定成一個方向後，我對比了我所需要的人員，先找直屬主管說了我的想法，然後找下屬分別聊了一下。

我們團隊的設計師同時也為人母了，她在職場裡求的是穩定。但是這次我發現她特別積極，希望能加入這個新專案團隊，我也的確需要她，於是我先告訴她老闆的決定，之後告訴她接下來可能要做好吃苦的準備，因為這個專案需要她的地方很多，可能免不了要加班。

我還說：「我最看重妳的就是穩定，但穩定也很容易讓人怠惰，害怕跨出舒適圈。這次妳的積極程度讓我很意外，之前妳的工作量就已經翻倍了，沒有幫妳漲薪水，這次可能工作量又會往上加，所以我和上面特別申請，從8月開始幫妳加薪，漲五千。公司從成立到現在還沒有這樣的先例，而且副總裁也特別欣賞妳，決定把妳上半年的努力也算在內，之後會一次把差額補發給妳。」

我和另一個下屬溝通的時候，直接告訴她：「我們目前做了六年的雜誌，明年打算停掉了，因為現在經營社群媒體的公司越來越普及，所以雜誌之後一定會數位化。我不知道你個人將來的打算，是希望繼續做平面雜誌，還是希望嘗試往新媒體編輯轉型？」

她猶豫了一下，之後肯定地表示，希望可以向新媒體靠攏。「那麼問題就來了，平面雜誌的編輯去寫數位媒體的稿子，很容易造成內容讓人很難第一眼就看懂，缺乏傳播性，你有什麼解決辦法嗎？」她沉默了，於是我告訴她說：「老闆今年讓我們獨立去承接業務的事情已經確定了方向，我這邊接到的案子就是關於新媒體的，我很希望你能加入。我們總公司的微信公眾號雖然做得很好，但缺乏回饋機制，我們並不知道市場的要求和客戶的訴求是什麼。我這次接到的專案也是一個開發商的地產專案，如果你樂意加入，你可以做文案和撰稿的部分，我負責主題企劃以及客戶提報。我覺得這是一個很珍貴的機會，你可以保留原來的職位，又可以接觸到你想學的新媒體，並且更瞭解客戶需求，不知道你的想法是什麼？」

她點頭同意，非常開心地表示一定要在這個項目上好好鍛鍊。我也告訴她：「現在數位編輯的職位特別吃香，如果妳學到了經驗，即使將來不在這裡做，也多了一個生存的技能。另外，我們兩週開一次分享會，讓妳來總結這兩個禮拜的經驗，順便分享給團隊的每個人，妳覺得這樣可以嗎？」

她點頭說好，而且滿臉期待。

最後我才說：「我為團隊爭取了10%的專案獎金，我希望妳來做這個項目的主要負責人，我來協助妳。妳可能還需要調用設計資源，設計師我已經打了招呼。因為妳是負責人，所以這筆獎金我決定都給妳。」

她聽完我的這番話，臉上是吃驚的表情。我笑笑說：「別激動，這本來就是妳應得的。一開始做專案負責人妳可能會比較吃力，不過妳放心，我會一點一點教妳。」兩週之後，她開始了人生第一次面紅耳赤的分享會。

一個月之後，那位和我關係不冷不熱的下屬，主動找到我說：「雖然我們過去有一些過節，但我覺得那都是過去的事。這幾年我看著你的成長速度，我很想做一個像你一樣的領導者。所以可以的話，請你教教我，給我一些機會，我也可以做事，我希望自己有機會像她們一樣參與其中。」

看著她真誠的表情，我忽然想起很多年前，我也如她這樣一般請教過老孫，到底要怎麼做一個領導者？當時老孫神祕地一笑說：「多看看我，你就知道了。」

如今許多年過去了，我不知道現在的我，算不算合格的領導者。

我把加薪的機會給設計師，是因為她一向求穩定，穩定的人比較容易感恩，所以我替她爭取了加薪，我想她一定會更努力地完成任務。

而我把挑戰的機會給文字編輯，是因為我看到她有改變的意願，但總是猶豫不決。於是我直接宣佈紙本雜誌要停刊，她才會擁有更大的動力去學習，求生和學習如果能合而為一，就會激發出無窮的力量。我把獎金的事情放到最後，也是希望能創造驚喜。

是人都喜歡額外的收穫，不喜歡等價交換，因為總覺得額外的收穫是佔了便宜。此外我發現她很容易緊張，所以我代替她去做客戶提報和企劃的工作，但也用兩週一次的分享會，替她創造了一個自我提升的機會。我把觀望的機會給了那個曾經冷淡的下屬，是因為我們之前有過節，時間的確可以抹平對別人的壞印象，但我更希望對方未來能心悅誠服地靠攏過來。這個專案後來她沒辦法參與進來，所以我請文字編輯把心得分享給所有人，讓她也能從中感受到收穫和成長。而她能向我主動表達學習的願望，這是她的勇氣，也是我們修復關係的開始。

每一個下屬都不傻。師傅如果不持續自我精進，總有一天下屬會發現你早已窮盡；想要透過油嘴滑舌的話術籠絡人心，更是不太可能；想要透過挑毛病以及強勢的打壓控制下屬，一定會引發反彈。只有針對不同的人，採取不同的溝通策略，找到對方的成長需求，等機會和意願都成熟的時候，你就可以幫助他們找到自己向上的願景，這也是身為領導者能夠獲得的成就感之一。

唐三藏或許是《西遊記》裡最「無用」的人，沒有專業技術、沒有溝通能力，甚至做不了基層員工。但他有個人的願景，有適才管理的方法，而他個人最大的魅力，就是在漫長而危險的取經道路上，絕不放棄。

當你希望做一個更高位置的領導者時，信念的力量，就是你背後的光芒。當你把

自己活好了，活明白了，活得積極向上了，你才有可能產生吸引力，被他人所依附。

都說西天取經要經歷九九八十一難，我這近十年的領導之路，到底經過了多少難，我自己也沒數過，而未來還會遇到什麼困境，我也無從得知，但我相信自己會帶著平和的笑容和自信的內心去面對。

職場哪有真小人

我不知道你在職場裡有沒有遇過小人。在我還是菜鳥的時候，總覺得職場裡很多人都不太好惹，明槍易躲、暗箭難防，不過我覺得明槍的滋味也未必好受。我曾經親眼看到一個實習生離職時大鬧一番，和經理對著吵，最後兩個女生都哭了。

我當時都嚇傻了，心想，到底是受了多大的委屈啊！

我也遇過搶我功勞的上司，她對總經理不滿，最後拿我來洩憤。有一次，我在車上問我的主管老孫：「她為什麼總是針對我啊？」老孫打哈哈說：「就別和她一般見識。」我當時在心裡OS：我也想，但明明是她的問題啊！

我在經歷了很多事情後，才懂了老孫的那句話：「別和她一般見識。」

我接手專案品牌推廣工作之前，專案企劃經理離職了，當時直屬主管覺得我在圈

子裡認識的人多，就希望我幫忙推薦一位。剛好有個朋友說她認識的一個姐姐正在找工作，也算是做企劃十多年的人了，就把履歷推給了我。

我大概看了一下，論資歷、經驗都還可以，就轉給了我的直屬主管。沒過多久，這位姐姐成功地通過了三次面試，可以入職了。

這當然是皆大歡喜。我去專案行銷部開會的時候遇見了她，她是一位做事幹練的鐵娘子，為人也比較直率，為了感謝我的引薦，她當天還組了一個飯局，把我那個朋友也叫來了，想和大家慶祝一下。飯局上，這位鐵娘子時不時地探我口風，想多瞭解一下專案目前的情況，我自然也沒把她當外人，都據實以告了。

那時候，因為專案需要我參與的會議不多，所以只有老闆去參加會議的時候我才去，一個月最多去兩次。我和她第二次見面之後，就覺得好像生疏了很多，我還有點納悶。我第三次去開會，距離她入職一個多月了。她特別站出來質疑我們目前的工作進度，我當時心裡很不高興，心想：你跑來找我的麻煩？你還是先分清楚到底誰管誰吧。

既然她當著老闆的面炮轟我，我當然也要給老闆一個正面的回答。

我提出了品牌部和專案行銷部因為權責分配而產生的三個問題。第一，在上下級的派遣關係上，我屬於品牌部，我的彙報對象是董事長，我不需要向專案行銷部彙報工作；第二，在權責分配上，我們是給專案行銷部幫忙，無論我們參與多少工作，我們部門都不能分得佣金，所以專案進度是他們的職責，不應該來質問我；第三，目前的設計人員是我帶來幫忙的，如果專案行銷部覺得設計工作進度慢、沒創意，他們可以請外面的設計團隊，甚至可以直接指導設計，我不插手是想看看他們是否可以把握住整體的設計調性。

我申訴的這三點很簡單，我是來提供資源的，不拿抽成，但也不是來幫你做事的手下。不要因為我帶來了設計師，就得了便宜又賣乖，如果覺得我的指導有問題，那妳可以自己試試看。

這個臉皮撕破之後，老闆自然要安撫一下，先給了我幾句好話，然後讓這位鐵娘子會後試試。下一次開會提報，鐵娘子做的市場月報羅列了大量的資料，而且把很多不同性質的產品擺在一起比較，再加上沒有結論，聽得讓人滿頭問號。老闆是一個不太愛聽廢話的人，忍了十分鐘之後終於發怒：「妳列出這堆東西，有什麼用？到底誰和我們是競品關係？我只想知道競品的內容，他們目前除了新戶型，還有什麼新動向？」

鐵娘子也算是市場的老人，連忙改成口頭彙報，上半場算是勉強過關。不過下半場輪到企劃的內容和展示，鐵娘子就呈現出戰戰兢兢的疲態。企劃不像市場分析需要資料支撐，企劃講求的是創意、主題、創新性。她計畫的都是一些常規活動，也就是說，別的項目也都這麼做。對老闆來說，你模仿別人的東西沒關係，但你需要給個理由。例如，別的豪宅做下午茶，你也做下午茶，你的初衷是什麼？人家做珠寶品鑑，你也找珠寶品牌來，你的銷售現場適合嗎？而且活動看似很豐富，可是如果品牌之間根本沒有一個主題可以串聯，只是為了做活動而做活動，這種企劃就是浪費錢。

當老闆問我意見的時候，我說：「我覺得活動有些散，整體的主題缺乏一致性，這樣在對外宣傳上會偏弱。可以嘗試限定成主題月，或者主題季，比如這一季我們主打『女神節』，就可以把下午茶、珠寶品鑑、小型音樂會這一類主題集中打包在一起做企劃；下一個季度做『母親節』，就可以把親子活動以及寶寶的教育等集中在一起。因為豪宅客戶比較特殊，所以更要注重邀約形式以及活動本身的亮點，不然很可能會出現活動現場冷清、參與度不高的狀況。當然最主要的還是要想清楚，這些活動的目的是什麼，我們是為了回饋老客戶，還是為了招攬新客戶，或者是為了媒體宣傳？定位不同，活動的亮點以及側重點都會有所不同。」

老闆接過我的話，開始了批判：「整個企劃安排太過於關注活動的完成，行銷企劃靠的是想法，平淡無奇的東西能叫企劃嗎？這些活動的形式到底是為誰服務的？希望達到什麼目的？根本就沒仔細想清楚，完全是為了做活動而做活動。這個方案拿回去重寫。」

我看到鐵娘子的臉一下慘白、一下漲紅，她的部門主管臉色也不好看。

下一次例會，鐵娘子的新方案倒是有了主題性，不過作為內行人，從簡報的排版上就能看得出，這應該是直接找公關公司去改的。找乙方做事沒問題，但要學會使用乙方，乙方只能解決表面的問題，他們不能代替你去思考。對於新方案的根本問題，她還是含糊其詞，其實，我可以理解她的難處。如果一個活動是為了回饋老客戶，那麼老客戶會不會來、能來多少，就變成了重要的衡量指標。但實際上，大部分別墅客戶都非常忙，如果我從你這兒買完了別墅，我為什麼還要參加你的後續活動？除非活動非常有吸引力，讓我非來不可。不然我大老遠地跑來，只是為了吃個蛋糕嗎？

如果活動的目的是吸引新客戶，那最好是品牌方可以直接帶來客戶，而這些客戶的經濟實力也足夠買得起我們的別墅。這樣的話，對於品牌的要求就提高了，但就目前報上來的這幾個品牌來說，分量都不夠。

最後只剩下增加媒體曝光這個方向，但媒體最看不上的就是常規活動，沒有特色、沒有亮點、沒有噱頭的內容或者嘉賓，新聞稿都沒辦法寫。符合要求的嘉賓，屈指可數。如果不提前一個月和這些大人物打招呼，他們根本不可能排出檔期。

連我都能看出方案的問題，相信老闆也看出來了。老闆又是一頓窮追猛問，鐵娘子的汗都快流下來了，她的部門主管在一旁幫腔，無奈主管自己是業務出身，對企劃的幫助非常有限。不過從那位主管投過來的犀利眼神中，我倒是看出了一些苗頭，原來幕後的主使在這呢！鐵娘子的反常表現不過是新人初來乍到，被主管收編當了炮口而已。既然鐵娘子這麼樂意出頭，那我就先觀望，看她怎麼收場。最後，老闆拍了板：縮減預算，砍了幾個部分，改成了客戶答謝活動。我聽到這個結論就非常清楚，預算減少了，活動不會有影響力。這種所謂的答謝活動，在豪宅市場上能吸引的就是老闆的朋友以及司機、保姆等人來湊個熱鬧。這還是客戶願意給銷售員面子的情況，不然大部分人都會說「我沒空」。

果然，活動的效果和我預期的一樣，老闆大為惱火，鐵娘子的部門主管則把責任推了個乾淨，鐵娘子又挨了一頓批，現場提報的時候聲音更顫抖了。散了會，我過去問她：「報告能拷貝一份給我看看嗎？」她忽然聲調拔高了很多說：「抱歉，這個報告涉及市場資料，所以暫時不能給你。」我看她緊盯著自己的主管，便明白了幾分。於是我在側身而過的時候，小聲說了一句：「你可以嘗試把每一頁的結論換一個顏色，用大號字放在最下面，如果覺得老闆聽得太累，直接告訴她結論就好。」

她感激地看了我一眼，然後轉身去追部門主管。

鐵娘子後來算是勉強通過了試用期，但她的部門主管對活動這塊則完全失去了興趣，而在市場分析的判斷上又頻頻和她發生分歧，親自下場抱怨她。這是我萬萬沒想到的。

後來，她的部門領導以她不懂企劃為由向老闆提出了調職建議，鐵娘子被另外一位副總經理收編，她這才算徹底告別了壓抑的職場環境。後來，鐵娘子找我吐露實情，她果然是被原來的部門主管拉攏，就是故意要針對我，而且當時她完全看不懂局勢，也不敢和我在微信上解釋，怕我以此為證據去找她的主管對峙，她很珍惜這次工作機會，非常想留在這裡，所以不得已選擇了站在主管那邊。

我笑著說：「沒事，我早就猜到了。我們年紀差不多，職場經歷定也有相似之處，我理解身不由己的感受，畢竟對你來說，先活下來，才有機會。」

我和她說這些話的時候，忽然想起當年我覺得時機成熟，終於鼓起勇氣找到那位欺負了我9個月的副總去攤牌的時候，我說的也是擺在我面前的沒有另外一條路，我別無選擇。

在職場裡，誰都是身不由己。

以前我總覺得，那些背後給你挖洞、說你是非的人，就是職場裡的小人；那些在背後挑撥離間、四處造謠的人也是職場小人。現在我反而覺得，他們不過是小人物，甚至可以說，是一些可憐人，這些是他們僅有的武器，而他們之所以針對你，不是因為你看起來比他們還弱，而是因為你太強了，他們害怕。

人在害怕的時候，多數都會求自保，而在職場裡，我們自保的方式往往是依附上司，別無選擇。年輕的時候，我可能會說，我寧可辭職也不做小人。但是一旦有了家庭，有了壓力，有了房貸、車貸、孩子，當我迫切地希望留住一份工作的時候，我只能身不由己。

我也終於明白老孫說的那句話：「別和她一般見識。」因為如果你足夠強大，羽翼足夠豐滿，他們的這些舉動終究只是小伎倆，他們能做的就是趁著你羽翼未豐，看看是不是可以剪斷你的翅膀；看到你受挫失敗，就跑來落井下石，看看是不是可以摧毀你。

沒有人可以毀掉你，除非你先放棄你自己。

當你整天糾結著要如何對付他們，如何還擊的時候，你可能會錯過更多重要的東西；當你被他們的嘲諷亂了情緒，被憤怒沖昏頭腦的時候，你其實就已經掉入和他們同一條水平線的位置。只有當你跳出這個層面再回頭看時，你才會發現，他們其實微不足道。

你只是向上了一步就看清楚了這些，那如果你再向上一步，也許你連他們在哪兒都會看不見。

做那個朝向目標、向上一步的人吧！

什麼時候你該辭職了

二〇一九年，或許是我們公司比較難熬的一年。在高管層的例會上，我們被通知二〇一九年整體要控管人事成本、控管預算。當團隊成員都在猜測誰可能得捲鋪蓋走人的時候，我忽然在心底問自己，要不要辭職？

從成本的角度來說，公司發展形勢好的時候，辭職並不划算，因為可能你每年的薪水都會遞增10%∫15%，而且你有很多事情可以做。專案推進順利時，不論是從資歷的積累、個人規劃，甚至是收入上來看，辭職似乎毫無益處。

反之，如果經濟形勢並不好，外在的機會沒有那麼多，你留在原來的崗位，那麼不論是職位還是待遇都不能得到更有效的發展。如果你已經有了足夠的存款以及一定

的技能累積，你認為自己需要一個調整期，那不妨考慮在這個時候停下來。

我這裡說的辭職，指的是暫時沒有計畫進入另一家公司的意思。**我並不贊成年輕人裸辭，但如果你工作時間超過十年，或者在一家企業服務五年，都沒有獲得晉升，不妨考慮一下。**

對於離開一家企業的時機，我有兩個特別私人且任性的標準，供你參考。

一、當你發現你的老闆不再尊重你的時候

每一家企業都會有一些老員工，他們對企業特別忠心，服務的年資也比較久，老闆對他們比較信任，公司也會給予他們很多機會，甚至還需要他們擔任救火隊。老闆把他們當作自家兄弟，所以一旦事情做得不對，或者是很著急的時候，就會劈頭一頓臭罵，可能老闆事後也會後悔，然後私下拍拍你的肩膀說，你也是知道我的，我這麼說就是沒把你當外人。

我自己的老闆也容易有這樣的習慣，所以我升入高管層後細心觀察，到底老闆會罵什麼樣的人，而對什麼樣的人會保留態度，稍微有所收斂。我的總結是：老闆會罵的那些老員工，大多數都是很安全的，就是被罵得再狠都不太會離職的人。說得殘酷一點就是，那些離開了這裡就很難找到更好位置的人。

而老闆對一些從外面高薪請過來的，有一定專業能力，或者目前極其認可的人，責罵的態度會有所收斂，因為老闆非常清楚，請能人就要給足他們面子。

當我明白這一點之後，就悄悄在內心訂了這樣一個標準：要每年都給自己成長的目標。我要每一次提報都能給老闆驚喜，要做老闆眼中的人才，而不是挨罵的兄弟。如果有一天老闆開始像罵孫子一樣罵我，就是我該離開的時候。

當然，那時候我還年輕，腦子裡會自動上演一些戲劇化的場景，比如老闆有一天忍不住大罵我，我摔了一疊紙，奪門而出，就這樣負氣辭職了。其實這種場面在現實當中很少發生。而隨著年紀的增長我才發現，並不是老闆看你有價值，你才有價值，而是隨著積累和學習，你會自然有價值。但你的想法和思路是否和老闆吻合，這個則是得要持續走著才能不斷發現的，因為老闆在變，你也在變，有分歧很正常，但如果你開始不認可老闆的經營思路，那很可能就到了該提辭職的時候。

二、**定期評估自己的升遷可能**

我對自己的要求是，每年必須出去面試一次，熟悉面試的流程，鍛鍊自己的梳理能力，看看這些發揮可以等價換得多少年薪，知道在市場上自己的身價。每一年都要有薪水漲幅，每三年左右要有職位的晉升。

即使是這樣，你可能終究會有「升到頂」的一天。**坦白說，一個企業如果希望留住一個人才，就永遠不會讓他到頂，為什麼呢？企業會不停變換職級，並且不斷給予新的任務，你的直屬主管以及人力資源部，還有老闆，都會考慮到這個問題。**

人才發展路徑，是每一個被培養出來的人才必須有的一條通道，如果有一天你發現你走到頂層了，感覺只是在重複了，和主管面談後，主管也只能坦言現在沒有位置給你，這時候不僅說明你遇到了職業瓶頸，也說明企業此刻需要解決的危機要比保留人才更迫切，可能是關乎生死存亡的問題。換句話說，如果企業明天都發不出薪水了，就沒人會在乎是不是有人要離開，那麼這樣的企業，不論你待了多久，都要考慮一下，是否該離開了。

至於我自己的辭職這件事，我想了半年左右。

以上兩個標準看來，老闆目前的經營思路越來越偏向保守，這讓我看不到公司未來發展的規劃。當你明知道公司的規模會越來越小的時候，那你還留戀什麼？另外一個支撐點就是，如果辭職了，停下來，後果是什麼？我要面臨什麼？面對大把閒置時間，我是否做好了準備？是否有一些規劃？如果我覺得自己可以承擔，那麼就沒什麼可怕的了。

有個詞叫「沉沒成本」，就是指在一件事情上，當我們投入太多成本且過度去關注這些無法回收的部分時，就會大大影響我們的決策。比如，明知道這份感情已經變質了，但你還是會用「畢竟我們已經走了五年」這種話來勸自己再忍忍。

所以我為什麼要每年去面試一次？我希望提醒自己，在心理上降低自己的成本付

出感，不要想在企業服務了幾年，而要看今年，成長速度和收穫是否匹配。

每一年都把這個企業當作一個新的企業去看待，因為自己經歷過面試，看到了其他誘惑，但又選擇了原來的企業，那就要找出除了「在這個地方我已經熟悉了」之外的其他理由，而「升遷」可能就是其中最重要的指標之一。

標準是理性的，但辭職的契機往往都是感性的。它可能是在開完一次會之後，也可能是在看到通訊軟體上的一則通知之後。對我來說，最大的感性因素是：我40歲了，我想思考一下接下來的職場之路怎麼走，以及走向哪。當人資主管說要找我聊聊二〇一九年關於部門成本壓縮的事情時，我忽然說，我剛好也想和你聊聊，我確定自己要辭職了。

有些話，一旦說出口，彷彿就是一種釋放。接下來就進入了比較順理成章的流程，談話—流程—申請—確認—向自己的下屬宣佈消息—大家吃一頓飯，最後彼此感謝一下。

因為我手裡還涉及一些項目尾款結算，所以提前和負責的同事打好招呼，把他介紹給合作方，為了防止遺漏，我還特別列了一個任務清單。除此之外，就是聯絡關於社會保險和公積金的代繳機構，去解決接下來的繳納問題，這個不能中斷。

之後還會有一個月的交接期，平穩對待就好。

做完了這一切之後，下班回家的路上，我在微信上收到了一位網友發來的求助，講她年底遭遇了公司裁員的事情。她說自己現在特別悶，覺得心裡恨、委屈，很想去公司大鬧一場。我安撫她的情緒，並且說：「不是還有賠償金嗎？你也剛好可以休息一下。」但後來我發現，她的情緒裡摻雜的不僅僅是委屈，還有意外。此外，她最大的擔憂是找不到工作，所以，她把這些複雜的情緒都歸結成公司的錯——為什麼你要辭退我？

我對她說：「你先平靜一下，我跟你說一個我自己的故事吧！」

我曾經歷過一件特別糟糕的事情。那時候我要從北京東邊搬到南邊來租房子，因為不信任房屋仲介公司，或者說不希望把一個月的房租白白交給房屋仲介公司，所以就自己在上網找個人房源。很幸運地，我租到了一間雖然看起來不怎麼樣，但是打掃完了還能住的房子。

當時出租房子的人聲稱這是他親戚的房子，所有權狀、證件影本都齊全，只是因為老人身體不好，所以他才代管。我當時也沒多想，就簽約了。

我住進去半年之後，門口突然被貼條，寫著限幾日內搬出。我這才知道自己被詐騙了。那個人其實根本不是什麼房東的親戚，他自己就是房屋仲介公司的員工，以個人的名義拿公司的房子來出租。一開始他還把租金拿回公司，後來打算回老家，於是就拿著我三個月的房租跑路了。房屋仲介公司找不到人，只好來找我的麻煩。

出了這件事之後，影響我的不僅僅是錢的問題，還有情緒，還有對人際信任的傷害。我第一時間找了新的房子，也搬了家，然後拿著那間房子的鑰匙和黑心仲介理論。那家房屋仲介公司在北京惡名昭彰，業務個個像流氓一樣，每天對我各種恐嚇，輪流給我打騷擾電話。我每次接到電話都覺得氣炸了。

人們有的時候會自認為，對抗恐懼最好的方法就是憤怒，但平復情緒往往需要花費更多的時間和代價。

那段時間我工作效率下降，回到家就會抱怨，甚至會埋怨家人。直到後來房屋仲介公司換了一個業務員，對方還是希望我歸還房子，同時告訴我，公司的確退還不了押金。我忽然在那一瞬間想明白了，我拿著的鑰匙其實沒什麼用，對方換個鎖一樣可以繼續租給其他人。而其實我從一開始就知道，我沒辦法得到自己想要的結果，幹嘛還要空耗自己的情緒成本呢？後來我就和那個房屋仲介公司業務員見了一面，把鑰匙還給了他，還完之後，我忽然覺得心上的一塊大石頭消失了……

這件事之後，我得到了一個教訓，在這個世界上公平和正義是必要的，每個人爭取自己的合法權益也應該得到支持，但對於個人來說，在爭取合法權益的時候要做到兩點：量力而為，審時度勢。

每個人具有的能量是不一樣的，不要因為突然發生的一些事把自己整個賠進去，甚至牽連到別的事。如果你當時受到情緒的左右，你看到的永遠都是自己在吃虧，那麼對方不管賠給你多少，都填補不了你內心的空洞，因為當下的你無法合理評判那時候的自己。

我繼續和女孩說，**如果我是她的話，當我聽到被辭退的消息，我會給自己設定幾個原則：**

1. **不追問自己：「為什麼是我？為什麼不是別人？」**先接受眼下的狀況。現在就是你，而你接下來要怎麼辦？
2. **儘量保持平和情緒，去完成後續的工作交接。**這不是為了什麼體面的告別，而是只有讓自己保持清醒，你才能知道接下來你要如何規劃。
3. **平靜地和下屬、合作窗口以及同事說明情況，安排好後續工作，**找好代繳社會保險和公積金的單位，之後檢查一下事項清單，看看是否還有遺漏。

在我看來，這是能做的，也是可以規劃的，不是嗎？

女孩聽完很吃驚地說：「川叔，我覺得你太理性了。」我告訴她，其實我今天也剛剛決定辭職，而且我和她一樣，接下來也要停下來休息一段時間。我並不是一個特別理性的人，但我知道，在此刻這個時間點，感性的情緒並不能幫助自己什麼。

我今晚還會去和我的家人談談，甚至會要求家人為這樣的我配合一些事。

比如我會和家人說，看到我現在很平靜，但不代表我之後不會情緒崩潰，或者出現自信心不足的情況。現在整體經濟形勢不好，很多企業都在裁員，工作機會並不多，因此決定停工時，我已經做好半年或者一年都不工作的準備。接下來我可能會嘗試給自己做一些安排，讓自己的業餘生活變得豐富，但這些安排可能不會創造什麼收入，所以到時候請家人絕對不要問我：「你今天都在做什麼啊？」如果我想好了，我會和他們分享。

突然從一個忙碌的狀態裡出來，我一定會有一個階段放縱、任性，甚至無所事事，什麼都不想做的時候。我會和他們說：「你不用逼我，也不用問我，我想好了自然就好了。」

我也對那個女孩說，相信妳也上了很多課，看了很多書吧？其實書裡教會我們的，一大部分是知識，還有一部分是由經驗累積而學會的判斷。妳最瞭解自己的行為模式，妳要在被消極情緒掌控之前，先用理智把自己的框架建立出來，如果妳能夠預料接下來妳可能面臨什麼樣的情緒走向，那妳也能提前做好幫助自己去扭轉局面的準備。

我不是不贊成情緒宣洩，但我不贊成一味哭、一味抱怨、一味單純地發洩，而且第一天宣洩完之後，第二天會依舊在原地打轉。為了不讓這種情況發生，我會先列一個計畫，預估可能出現的問題，以及有沒有對策。如果我依舊覺得委屈，甚至內心裡有黑暗的東西需要傾訴，我就會找張白紙，把它寫下來。抱怨也好，憤怒也罷，都寫下來，就當作那時候老闆就在面前，把想說但沒說，或者不敢說的，都傾訴出來，然後再看看計畫表，期待更好的一天。

最後，我還給她提了一個小要求，**寫完負面情緒之後，再找一張紙，在紙上必須用「真好」當成開頭，為這件事找到三個好的理由。**

比如，我會對自己說：

真好，在40歲的時候，我的人生又多了一個體驗。離職的決定雖然很突然，但準備是充分的，我希望接下來的任務是很有趣的，「在現在的生活裡要如何證明自己的價值呢？」我會帶著這個好玩的課題來繼續接下來的各種體驗。

真好，每年的10月份就想辭職，但是總會因為要負責年會、要等年終獎等種種理由而放棄，現在年會辦完了，在一切都穩妥的情況下，終於找到了告別的機會。

真好，工作了十六年，這應該是我第二次職場空窗期。上一次職場空窗期，讓我從文化傳媒跨行到了房地產，這一次還會迎來什麼樣的挑戰呢？真期待！在休整的這段時間，不如把自己一直想做卻一直推託的事情都做了，把自己一直想去卻一直沒時間去的地方都去一遍，當作一個圓夢的假期，也很好。

你看，我正煩惱下一本書不知道寫什麼主題，這不就突然來了這麼一場變化。看來下一本書寫一寫辭職之後我是怎麼生活的，是不是也蠻好玩的？

來！我們一起期待一下吧！人生總會充滿各種意外，你不一定非要對抗不可。選擇接納，或許也會有不錯的收穫。

辭職後的三十三天

確定辭職之後，還有一個月的交接期，因此休完年假之後，我開始了交接工作。我花了近一週的時間去整理自己的這份交接資料，其中包括歷年來我的一些成果，還有目前手上專案的研究報告。因為我負責的事情比較多，所以得和兩個人做交接，一個是我的下屬，一個是專案負責人。

填寫交接文件的時候，一旦我心裡出現了不捨的情緒，就會先到外面轉轉。從二〇一〇年來到這裡，轉眼近十年，說沒有感情，那是騙人的。我從一個職場菜鳥一步一步地走到現在，如果沒有公司給我機會，我也走不到今天。電腦裡的每一張照片，每一份結案報告都歷歷在目。交接完，我真的沒有任何事情可做了，於是我和人力資源部說：「明天我就不來了。」

從正式離開，到去下一個公司入職上班，中間剛好三十三天。

新的工作完全是陰錯陽差得來的機會，我想和你分享辭職後的這個階段我都做了什麼。

我知道整體經濟情勢不好，所以我原本做好了也許一年不工作的準備，在春節前就已經盤點了金錢儲備的問題，其他的就是個人準備。剛離職，我差不多大睡了三天，還有讓自己放空，無所事事，不問意義、不看書、不看電視，只是呆坐著，偶爾抱抱狗、遛遛狗。到了第四天，我覺得休息夠了，才開始做規劃。

我是抱著也許一輩子都不去上班了的心態規劃的。首先規劃的是時間的分割。

因為不上班，很容易睡到很晚，這樣好像一天也過得很快，但我想讓自己和還在上班的家人有接近的作息，所以我每天最晚七點起床，一起吃早餐。家人上班之後，我選擇出去跑個兩公里，然後開始做早課。我的早課內容很簡單，之前服務過的公司改做練字的字帖，所以送了我很多字帖，我之前一直都說要練練字，現在總算是有機會了。

練字的時候，我會放一首古琴曲，然後泡一壺茶。隨便翻到字帖的某一頁，那句忽然出現的話，就好像是對我說的一樣。

寫字、聽曲、泡茶，這是我之前就一直嚮往的生活，如今都實現了。

快到中午的時候，我會幫自己做一頓午飯，炒兩個菜。下午睡半個小時，起床看本書，寫讀書筆記和書評，之後遛狗，預備晚飯，等著家人回來。

家人也都遵循我之前說的原則，從不問我今天過得怎麼樣。老媽開始還是惦記，不定時打電話來問，我都如實回答，然後告訴她不要擔心，一切都很好。

每週二我依舊定期參加演講俱樂部的演講活動，這算是一週少有的外出時間。這樣的生活持續了一週之後，沒想到我的身體出現了各種問題。

最開始是眩暈，總是發生在臨睡前起身關燈的瞬間，或者忽然翻身的時刻，那種瞬間天旋地轉的感覺嚇到了我，尤其是眩暈之後很想吐，也就會影響食欲。我查了一下，自己判斷是耳石症，去醫院待了一天，做了一些檢查，排除了這種可能。沒過多久，身上長了一個小肉瘤，鄉下人都叫這個「瘊子」，應該算是一種病毒疣。我找了一家醫院，在皮膚科掛了號，居然被告知如果雷射治療的話至少需要十萬。我覺得很坑，就換了一家醫院看。在那之前還在網上付費找了一家醫院做遠端諮詢，瞭解了大致的價位，果然，換了醫院之後，只花了幾百塊。

這兩場小病，耽誤了我好幾天，運動和練字都被暫時擱置。於是我就思考了一下，也許是因為我的心態雖然平穩下來，但是身體還沒適應，**從忙碌到急剎車，的確很容易大病小病都找來。我覺得疾病的到來，是提醒，也是還債。思想和身體要找到一個平衡點，要和諧相處。**

於是第三週我開始重新規劃，擴大了自己的運動量和社交量，把寫作重新納入生活，而且做了很多小測試。比如，我發現：下午在床邊的寫字臺寫作效率最高；但是上午往往需要到客廳的桌子上寫，或者乾脆出門去咖啡館寫效率會更高。我以前覺得在星巴克寫報告不太可能，人來人往太吵了。等到自己去那裡寫過之後才發現，超級棒！**那幾次在星巴克寫作的經歷使我發現了一件趣事：原來，工作需要儀式感，**需要精神的調動和開啟，身體也需要被喚醒，而這個喚醒的方法就是：穿得酷酷的，假裝自己去上班。

在家裡，我總是穿著家居服，身體是有記憶的，在一個熟悉的放鬆狀態下，沒辦法短時間切換到高效運轉的狀態。可是一旦換上外出服立馬就不一樣了，有的稿子，我甚至在路上就完成了構思，到了咖啡館，點上一杯牛奶，一上午就可以寫五千字。

發現這個小妙招之後，後來即使我在家裡寫作，我也會換上一套外出穿的衣服，美其名曰：工作服。

此外，除了跑步，我還把很久沒去上的拳擊課固定了下來，還去了演講俱樂部，也就是一週七天裡面，我至少有三天外出的時間。看起來似乎時間更少了，但是，所有的進度反而更快了。

而我當然沒忘記寫新書的事，所以我訂了一個主題——**辭職後我做的一百件幸福小事**。我在手機上列了一個清單，想到什麼有趣的、好玩的，就趕快記錄下來。其中包括我一直想去的地方，比如浙江的紹興、山東的威海；還包括我一直想做的事，比如拍攝一期影片，或是去公車站接家人回家；還要去見見老朋友，購買一些家裡缺的以及我一直想買的東西。

辭職後的第四週，一切開始變得平順，然後我接到了獵頭推薦的職位，想著不如就試試看，於是我去面試了。三天走到面試第三關，打敗了六個競爭者，拿到了聘用通知書。

辭職後第五週，朋友聽到我要去上班的消息都一臉不解，問我是不是早就做好了跳槽的打算？感覺我也沒休息幾天。我回望這沒有工作的三十三天，寫下這份小小的總結。**希望如果有一天我真的不打算工作，或者真的打算為自己工作的話，這段短暫的經歷和這些文字會提醒我，我曾經這樣生活過，我沒忘記生活本來的樣子。**

做總監的這三年，我送你的三十句話

1. 只有當你還不夠強大的時候，你才會用大聲喝斥以及鐵腕手段去管理你的下屬。你希望他們怕你，但只有你自己知道，那都是虛張聲勢，而他們不是真的怕你，他們只是害怕你所坐的那個職位。

2. 每一個下屬，都一定有來從事這份職業的目的，只是有的人目的非常明顯，有的人把目的藏得很深。做主管有個很重要的責任，就是要透過不斷地和他談話，挖掘出他的目的，然後從這個目的出發，想想自己可以提供給他什麼樣的資源，什麼樣的機會，從而點燃他的熱情，把工作發揮得更好。

3. 做主管意味著要在工作的同時做好管理，而所有管理經驗都需要一個階段性的累積。你或許會覺得十分忙碌，或許會覺得分身乏術，而當你對這個階段的自己不再滿意的時候，也就意味著你將要成長到下一階段，這時，抱怨不會對現狀有幫助，或許授權和逐步地放手反而可以幫助你。

4. 我們是平凡人，難免會陷入一種「我知道，但我做不到」的窘境。比如，我知道一個好的領導者是什麼樣子，但我就是做不到。這個時候，不妨先平復自己的情緒，然後問問自己，現在這個階段能做到什麼程度？

5. 讓員工敬重你，並不是透過一起聚餐、唱歌就可以。在他們的眼中，你是否言行如一？你是否始終在向前？甚至，你自己活成了什麼樣子，都是他們參考的標準。人們不僅會聽你說什麼，他們還會默默觀察你怎麼做。

6. 領導魅力也好，個人魅力也罷，這都需要累積。在累積之前，你需要明確自己的目標：你要成為一個什麼樣的人？而現在的你，距離目標還有多遠？你打算為這個目標做點什麼？你越努力，付出得越多，你的魅力值就會越高。因為，專注的人最迷人。

7. 不要把向下的團隊管理當成你對管理的全部認知，許多時候，向上管理可能更重要。

8. 如果你認為自己並不是一個善於察言觀色、搞好人際關係的人，那就不妨讓自己更簡單一些。簡單就是，快速地找到對方的目的。人們所有的行為都是為自己主要目的服務，而情緒和其他只是附屬品。

9. 在公司裡要養成定期彙報的習慣。在每一次的彙報裡盡力做到三點：有主題，有邏輯，發言簡潔。

10. 當你的下屬來找你訴苦或是告狀的時候，不妨先給他三分鐘的時間，聽一聽他的情緒訴求，多問他幾個「然後呢？」，再問他「那你希望表達的是什麼？」、「我能幫你做的是什麼？」如此一來可以快速地梳理出他來找你談話的目的。

11. 溝通的第一步，一定是先接納對方的情緒，穩定了情緒之後，才是真正溝通的開始。

12. 儘量養成每週反思和小結的習慣。如果精力足夠，也可以每日反思，嘗試用結構化的方式、填空的形式去做，這樣會更容易堅持下去。比如使用「我做到」、「我發現」、「我希望」三個小標題為架構，分別對應「今天我做了什麼事」、「我發現了什麼盲點」、「我希望怎麼去改善」。每天自省和改變一點點，一年下來就會大不同。

13. 一個人的溝通能力不一定會隨著職位的晉升而提高，所以即使都是領導者，溝通的方式也千差萬別。逐漸覺察和梳理自己的溝通方式，並且在自己的基礎上嘗試分析他人的溝通模式，再針對這些溝通模式，想一想應對的策略。那麼，針對個性慢熱的人和脾氣急躁的人，你會有不同的應對方式；針對自負的人和自卑的人，就會有不同的引導辦法。

14. 身為領導者的任務就是要不斷地解決麻煩的事情，而解決問題需要的是邏輯，不是情緒。你只有先平復自己的情緒，才能做出正確的判斷和決策。

15. 每隔一個階段，給自己設定一個「辭職倒數計時」。問問自己，如果明年的今天或者後年的今天要辭職的話，要在這個公司裡完成什麼樣的目標？以倒推的方式逼迫自己明確目標，加快成長。

16. 每兩年去面試一次，每次面試完自己都要進行反思。看一看自己每一場的發揮，哪個地方有漏洞，試著總結有什麼地方可以更好，表達邏輯還需要突出哪些重點。這樣，既增加了面試經驗，又學到了未來可能面試他人的技巧，還明確知道了自己在市場上的價值。

17. 確認自己的價值，可能需要很多儀式化的東西。每個人對個人價值感的標準不太一樣，有的人看重的是金錢，有的人看重的是他人的認可……不過，有了這些外界的肯定之後，必須同時內心自我強大，自己找出更多肯定自己的理由，例如模擬一個獲獎時刻，假裝現在自己要發表獲獎感言，並且一定要說出足以服眾的獲獎理由。透過明確這些理由，看到自己的亮點。

18. 許多人覺得「願景」不過是說空話，而每個人對「願景」的理解也不太一樣。職場新人容易把願景當作某個願望的具體化，想得比較短、比較淺，但這沒關係，身為領導者可以嘗試在這樣的人裡面，找到內心真正有想法的人，先給這樣的人機會，他們會很快脫穎而出。

19. 你必須時常思考你的長期目標和眼下短期做法的邏輯性和一致性。向主管匯報的東西，任何時候都要注意邏輯性和關聯性，並且適時地做出一點創新，因為每個領導都不喜歡一成不變的東西。

20. 在你每年的考核表中，要敢於幫自己總結成績，要善於發現自己做了什麼；要嘗試給每一個項目進行不同階段的劃分，標注出它重要的里程碑；要有意識地梳理自己目前任務的完成度。不只要說清楚自己完成了什麼，也要說清楚完成這個階段的任務對於整體項目的歷史意義。

21. 部門之間或許會有排名和比較，領導者之間或許也會分出陣營和小團體。都說「優秀的人從不靠哪邊，都是獨來獨往」，但是得先確定自己是足夠優秀的那個人才可以。如果一個真正優秀的人，可以幫助他人，也可以和團隊很好地融合，那豈不是120％的人才嗎？

22. 做事並不難，教會他人做事才難，挖掘他人的動力點、引發他人主動去做事更難，而這就是領導者的工作之一。

23. 不要在內心先反駁主管或者老闆異想天開的想法，先聽他說完，再問問自己：他這樣想的目的是什麼，我目前可以為這個想法採取哪些行動？你和你的直屬主管是利益共同體，如果他倒下，對你沒有好處。

24. 要結交一些和你同等級的人，不是劃分什麼小圈子，而只是因為大家等級相同，可能你現在遇到的管理問題，他不但可以理解，而且剛好有答案。

25. 不要害怕比你強的下屬，要以尋找接班人的態度讓下屬來「搶奪」你的位置，因為只有這樣，你才能逼著自己空出現在的位置往上走。下屬成長了，你就只有兩個選擇：要麼走人，要麼上升。不逼迫自己成長，就會開始下降，留在原地不過是彼此互相耽誤而已，沒有贏家。

26. 不論對一個企業有怎樣的抱怨和不滿意，一旦有一天離開這裡，都請以感恩的心態去感謝它：正是因為它的不夠完美，你才有了今天這麼多的成長機會。

27. 不要輕易對下屬許諾自己走了還可以帶上他們。你要相信下屬的成長空間，要讓他們成為你的對手，而不是你永遠的下屬。

28. 別害怕下屬不喜歡你，甚至和你對抗，那是你遲早都會遇到的事情。那些下屬覺得不適合跟著你，或者學不到東西，自然會走。你反而應該提防的是，開會的時候只有你一個人在講話，其他人都不敢講話。因為當你沒有接班人的時候，就永遠無法升職，而只能坐這個位置。帶不出優秀的人，你再包裝自己也沒用。

29. 要恭喜下屬離職找到更好的企業，給他們更有用的建議。如果遇到因為薪資問題而離開的下屬，也不必譏諷，因為每個人的生活狀況不同，金錢對每個人的意義和作用也不一樣，與其嘲笑甚至希望他們重重跌倒，不如給他們提一些具體的小建議。出了門，大家不是同事，還可能是同行，好聚好散最好。

30. 養成定期梳理文件、做好文件列表的習慣。因為如果有一天你離職了，或者被離職了，在整理自己工作歷史的時候，會更輕鬆一些。以一期一會的心態去工作和生活，才更容易珍惜當下，綻放光芒。

【第三章】

當眾說話：演講改變我的，除了自信，還有思維

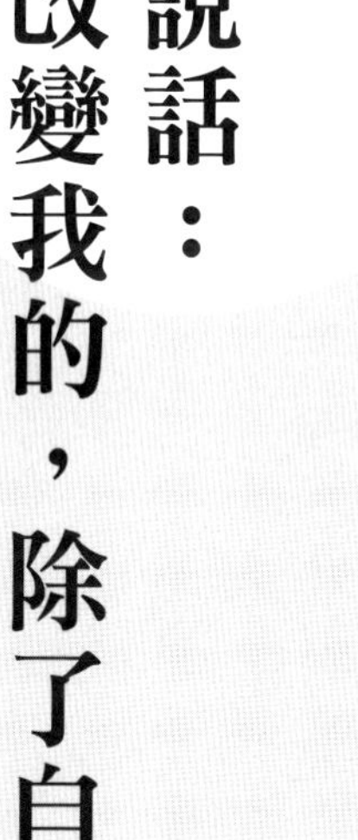

我29歲以前在人群幾乎不敢大聲表達意見，
永遠都是存在感最低的那個。
沒想到30歲會因為工作被逼得開始當眾說話，
35歲因為出了一本書，居然能上台演講⋯⋯

當我還是個「演講新手」的時候

在出書之前，我能上臺的機會最多就是在公司年會上做個主持人，後來是怎麼萌生了演講這個想法的呢？是因為出書。

這也是為什麼我會感慨人生很奇妙，你會因為一件不相關的事而衍生出很多其他能力。

在開始演講之前，我其實是懼怕這個舞臺的，真的。不知道有多少人會時不時給自己貼標籤，例如因為我很內向、我是什麼星座、我英文不好，所以我不適合怎樣怎樣，我也會。最開始主持公司年會，是因為同事們覺得我嗓音不錯，因為聲音好聽，所以應該主持起來也不錯，這邏輯我也是無可奈何，可以這麼說，大部分的機會其實都不是預設好的，而是因為趕鴨子上架才得到的。

那個時候我剛到公司，參加了一個很激勵員工士氣的培訓，在那之後，我覺得凡事都應該換個角度，把挑戰當成機會試試看。

不去體驗一下，你怎麼知道你不行呢？

即便做不好，又能壞到哪裡去？

當然，我真的是高估了自己的承受能力。80%懼怕舞上的人，其實不是害怕站在臺上，而是害怕上場前的那一刻，壓力、崩潰、退縮，各種雜亂的情緒撲面而來。

而現在，我來公司八年了，主持了七場年會。回頭一看，我唯一得到的經驗就是：上臺之前的自我激勵，比什麼都有用。但是，你別看我現在說得好像很輕鬆，當初也是丟過臉的。例如為什麼我來公司八年卻只主持了七場年會呢？因為第一年上臺主持之前，我因為緊張加上藥物過敏，滿臉起了大包。現在想起這件事，真的是又尷尬又好笑。

後來我為了洗刷這個「前恥」，也為了提升自己的能力和膽量，在之後的一年裡利用業餘時間找到做婚禮顧問的朋友，接了十場婚禮主持。

越是害怕，越要給自己機會面對內心的恐懼。

當時唯一的想法就是，我30多歲可以因為懼怕舞臺、懼怕面對人群、懼怕成為焦點而臨場落跑，那我50多歲的時候還要這樣嗎？如果以後開了公司，成了管理者，也要這麼戰戰兢兢地講話嗎？

後來我讀過一些關於心理學的書，書裡提到，當你害怕面對的時候，嘗試把這件事放在一個更長遠的時間裡去看，你就會找到支持你的勇氣和力量。

主持過十場婚禮後，我變得沒那麼害怕上臺了。雖然第二年主持公司的年會依舊緊張，但我努力地撐了下來。我在主持十場婚禮的體驗裡，不但做到了自我接納，還找到了一些克服上臺緊張的小祕訣：

1. 多喝水。
2. 上臺前去一次廁所，對著鏡子記住自己最好的狀態。
3. 開場前，說三句永遠不會錯的短句。

有了這樣曲折的經歷之後，我遇到了出書這個契機。在經歷過出版第一本書時的懵懵懂懂之後，我逐漸從出版第二本和第三本書的過程中，找到了自己的優勢，並且順帶把邀請我去學校演講的條件，當作衡量出版方誠意的指標。

那個時候我還挺單純的，不過有點自我感覺良好。我以為內心有想法，有成長的收穫，希望和大學生分享，就一定會獲得支持。正因為這樣不切實際的期望，後面才迎來了一次巨大的打臉。

我人生的第一場演講是在北京的一個咖啡館裡，當時是一個線上教育平臺邀請我，但是後來鬧得很不愉快。那場演講主辦方沒什麼經驗，我自己也緊張萬分。畢竟在那之前沒在外面做過演講，臨上場前依舊緊張到睡不著。我擔心沒幾個人來，也擔心講十分鐘人就都散了，我甚至反覆想著自己的簡報內容夠不夠用。

好朋友呆呆、美蘭、蘇陽、狐狸為了幫我打氣，都特意從四面八方趕過來。

我至今都記得，那時候是冬天，我穿著一件深藍色的長大衣，戴著一條藍色印花圍巾。我和呆呆在咖啡館旁邊吃完午餐，我緊張到胃痛所以吃不下什麼，手和腿一直在抖，呆呆則是一直和我說一些無傷大雅的笑話來緩和氣氛。

我有提早到現場的習慣，於是提前了十幾分鐘到達。咖啡館沒有後臺，也沒有休息室。我坐在角落，前面來了一個人對我打招呼，接著找了位置坐下，接著又來了一個人衝著我笑……

漸漸地，人多了起來。蘇陽帶了一束花給我，這樣就算是沒見過的人，看到我拿著花也能猜到演講者是我了。我的手心開始冒汗，感覺心臟快跳出來了。我內心開始埋怨主辦方為什麼不安排一個主持人暖暖場。很快，人多到椅子坐不下了，主辦方的聯絡人和我說，現場人數超額了。本來報名三十多人，但現場來了七十多人。我看到有人開始搬椅子，有的人乾脆站著。

我忽然覺得很尷尬，也很愧疚，我內心裡的討好型人格一直在試著跳出來。我很擔心這個場地讓任何一個為我而來的人感到不舒服，想表示點什麼，但因為主辦方的人要開場了，我持續按捺著自己。

活動開始的時間往後延了一點，當主辦方的人說還要再等一下，我開始生氣了。

我非常討厭遲到這件事，雖然知道活動難免會拖延一些時間，比如說好是下午三點半開始，其實大部分都是四點才真正開始。但那是別人的活動，這次不一樣，這是我自己的活動呀！

最初做活動的時候，我都抱持一種非常卑微的心態，如今卑微感少了很多，但在當時，我真的把自己放在了一個特別低的位置。我覺得，我就是一個普通人，何德何能讓別人大老遠地過來，並且還要等？我甚至想，也許待會講的時候你會失望，或者我講了一下子你就要走了，但至少活動能準時開始吧？

後來，我幾乎是壓制不住怒火地去找了主辦方，活動才得以開始。既然是主辦方致辭，就免不了打打官腔，順便來個工商時間。這種行為，現在看來是無可厚非，畢竟人家提供場地、邀請我過來，還做了活動通知。但當時我幾乎是氣炸了，覺得他們怎麼這麼差勁，延遲開場也就算了，上來還打廣告。

這就為後來的大吵埋下了伏筆。

總之，輪到我上場的時候，我緊張、激動、興奮異常，一個半小時很快就過去，沒人離場。我感動得就快哭出來了。

講完了，我以為自己恢復了平靜，直到簽名的時候我才發現，我的手抖到畫不了直線。原本要給人家畫個卡通圖案，結果第一筆就畫得歪七扭八。

最後大合照的時候有人說：「大家把書拿出來啊！」

直到現在，那張大合照依然是我的珍藏。

第一場活動做完之後，現場有個美女聯絡我說，她那邊也有一個場地，可不可以請我去做一場活動，順便幫他們公司的人上個課，我立刻開心地答應了。

應該是隔了一個月左右吧，我開始了第二場演講。主辦方是北京一家老牌廣告公司，對方可能是看到了上次爆滿的場面，於是特地找了一個90坪大的咖啡館。主辦方告訴我，報名的已經有七十多人了，我不禁沾沾自喜，卻萬萬沒想到這會成為一個大型打臉現場。

我相信你不用猜也知道了，那天沒什麼人來，人家公司的自己人也就三十多人。而主持人是一個剛到公司的新人，她看我在後臺有點崩潰，就解釋說：「搞不好是因為今天地鐵票漲價，所以大家今天就不出門了。」

我表面苦笑，其實心裡清楚，不是因為地鐵票漲價，而是那些聽過演講的人並不期待我今天講的內容和上一次會有什麼區別。也就是從那次開始，我每一次演講都會修改自己的簡報，加入新的內容，而且漸漸嘗試把自己的演講分出不同的主題。

經歷了意料之外的盛況和只有零星聽眾的慘況後，我安慰自己，以後應該沒有什麼場面是我不能面對的了吧？

事實證明，我太高估自己了。

從那之後，我開始利用微博尋找到學校演講的機會，這時候我逐漸有機會和學生打交道。我不懂學校演講的流程，我只知道，我發了微博，歡迎學校和我接洽，有些學生看到就會私訊我，我們就加QQ聊天，先敲定場地和流程。但有一大半的可能性我是被拒絕的。理由有很多，比如，學校老師那邊沒通過，場地協調不了，甚至臨時來了一個綜藝主持人，我沒有人家名氣大等等。也有中途夭折的，比如，學校不允許拿書進現場，甚至告誡我，如果出現圖書買賣行為，活動就會被要求暫停。我當時一邊上班，一邊處理這些，簡直是分身乏術、苦不堪言。

後來我想了一些策略，如何讓學校更容易接納我。我聯絡了三家公司，手上拿到了三十個暑期實習的名額。我會幫公司的人力資源主管先進行學校的首輪面試，我有推薦權，被我推薦的學生，公司的人力資源主管會優先見一次，之後安排進入實習。

我能有這個想法，源於第二次演講失敗之後。當時聯絡我的那個美女在後臺安慰我說：「我覺得你講得很好，對時下年輕人也有幫助，他們沒來是他們的損失。真希望現在快畢業的大學生能聽聽這些，在職場裡少走點彎路。你不知道，每一年來實習的學生的自我準備實在太少了。」

這句話點醒了我，我就順著話說：「我之後還會去學校做演講，如果你們有招募實習生的需求，我可以幫你們提前去篩選人。當然，我也會在演講環節裡面介紹一下你們公司，我覺得效果會比你們自己去校園好。」

我隨口說的點子，獲得了那位美女的強烈認可。

後面我有五場學校演講活動都獲得了這家公司的支持。

接著我又找了做人力主管的朋友，我猜對方也是抱著試試看的態度同意的。

就這樣，我自認為做了萬全的準備，三家公司、三十個實習生名額，我降低了所有的要求，同意學校所有的規則。學校說不能賣書，可以，我自己帶五本書，現場當作禮物送給參與活動的同學；如果是在距離很近的地方演講，我願意自己出車馬費。我沒有經紀公司、沒有助理，所有的流程、環節都是自己一個人處理，自己買火車票、自己協調時間，我就是希望能進一次學校。

第一場演講，是在天津商業大學。

現在想想，我都有點對不起來參加的學生，因為連絡我的單位其實是衝著我帶去的工作機會來的，所以提前在學校內做了宣傳。來的學生以來面試的居多，我決定把演講變成一個小時，剩下一個小時做面試。但我的簡報內容準備得特別多，結果光開場就講了二十多分鐘，導致後面更重要的內容說得太快，真是太對不起他們了。

我就這樣開啟了自己的校園演講之旅，當時我幫自己訂的目標是先達到十場，這個數字背後，還得下不少工夫。

每次接到一個演講邀約的時候，我都會修改我的簡報。我會問問自己，這次我要和學生們分享什麼？每一次演講完畢我都要自己總結，這次出現了什麼失誤，現場的氣氛如何？

而演講現場會有很多突發情況，比如社團宣傳不給力，所以來的人很少，甚至有些同學明顯是被人拉來的，對演講的主題根本沒興趣。最尷尬的一次是在一個醫藥大學，所有人都在臺下寫作業，沒人在聽，也沒人參與互動，臺上的我又尷尬又難受。

我曾經遇過一天講三場，也曾經遇過在傾盆大雨中趕場，更有發著高燒、一邊咳嗽一邊講。當體力達到極限的時候，我的心底總有一個聲音說：經歷過這些之後，下一次再遇到這種情況，你就知道怎麼處理了。

達到十場演講的目標之後，我為自己訂的下一個目標是五十場。

我希望走出北京首都圈，去外地看看，但這就立刻浮現了兩個非常現實的問題：請假和費用。

外地很多學校都希望演講時間最好在週五晚上或週四晚上，因為那時候學生最多，本地的學生也還沒回家。但對我來說，最實際的問題就是，我向公司請假會被扣薪。請假一天被扣台幣五千四，還會影響績效考評，這些都是成本。還有交通費，不論是高鐵還是飛機，都涉及費用支出；如果當天活動結束的時間很晚了，可能還需要住一晚，這些都是錢。很多事情是在實際操作的時候，才發現步履維艱。

可能這時候你會問：「那出版社怎麼不幫你？」我只能說那時的我是那種不受寵的作者，所以，別等了，天上不會掉下車馬費。

很多讀者想幫我聯絡各個單位，在面對這些現實問題的時候，也紛紛打了退堂鼓。我後來就儘量找有經驗的單位合作，因為對方更懂得如何分攤成本，比如和當地的書店以及其他幾家姊妹校一起做活動，這樣書店出一部分費用，幾個院校平攤就剩下沒多少錢了。只是我會辛苦一些，去一個城市至少得講三場。

我不怕辛苦，我的原則是：「只要不讓我自己再貼錢進去。」請假我認了，只要對學生們有用，我可以上午講一場，下午講兩場，晚上再講一場。

這件事給我留下的最大後遺症就是，我得了慢性咽喉炎，至今都沒辦法痊癒。

我把之前經歷過的種種惡劣情況都當作財富和寶藏，所以我自認沒什麼可怕的事情了，但還是有一些出乎我意料的地方。

一般來說，我的演講是一個半小時，留半個小時做QA問答。去學校之前，我一直覺得我的演講對於大三、大四的同學最有用，畢竟他們即將進入職場。可真的去了校園才發現，到場的反而是大一、大二的同學居多，因為他們最有熱情，大三的同學抱著試試看的心態來聽聽，大四的已經在忙實習，看到宣傳的時候只會隨口丟一句：

「這誰啊？他能講什麼？」

這個觀察讓我不得不在開場環節的時候加入一個提問：現場有多少大三、大四的同學？請舉手一下。

如果舉手人數偏多，我就說一些關於初入職場寫履歷和面試的技巧；如果是大一、大二的同學多一些，我就講時間管理、個人成長，以及跨領域就業需要提前準備什麼。

一次次地講、一次次地碰壁、一次次地觀察，總會有一些收穫。

當我發現大家開始看手機的時候，就代表我說的這個話題太「乾」了，需要有故事；當現場有點沉悶的時候，或許就需要一個有趣的橋段或者是講個笑話來調劑。

去演講之前我就認為，自我介紹很重要。

我為什麼能講今天的這些主題？這和我的經歷有關。

不是因為我做得比別人好，而是因為我在他們那個年紀走了很多彎路，所以我分享的其實都是錯誤中獲得的經驗和教訓。

說自己如何成功，那是成功者要做的事，我還不是成功者，這一點從一開始我就很清楚。我當時年薪大約是台幣一百三十萬，在北京不算什麼，甚至在很多學生眼裡也不算什麼。畢竟我的年紀也不算小，可能很多大學生畢業後選對了行業，幾年內就可以超越我。

曾經有一位北京知名學府的同學，在演講的ＱＡ時間直接問我：「我們的專業是全世界第一的，我們大三、大四的時候都會出國交換，我們畢業後基本上就會是這個領域的高階管理人，我為什麼要來聽你的勵志故事？」

其實他提的問題，就是我一開始最擔心被問的問題。因為做好了這樣的準備，所以每次演講我都會把自己放得很低，不裝高深，也不矯情。**我回答道：「我最大的資本是經歷，尤其是犯錯的經歷，所以，如果你不希望犯和我一樣的錯誤，那麼聽一聽我的故事或許對你有幫助。」話剛說完，我聽到了那一晚全場最熱烈的掌聲。**

如何準備一場演講

一定有很多文章告訴過你如何做一場演講，甚至有更多的文章告訴你，演講的簡報要如何排版，配色的原則是什麼等等。既然已經有人講過了，那我就結合自己過去的慘痛經歷，和你說說演講的準備工作。

如果你是被邀請去做分享的，那麼在和對方聯絡的過程中，一定要再索取另一個負責人的聯絡方式；如果是學校的人來找你，請讓對方給你學生會長或者負責老師的聯絡方式，這樣做是為了防止萬一窗口失聯，或者安排出現了問題，導致投訴無門、叫天天不應的情況。

我之前就是因為太過於輕信別人，而且聯絡方式又過於單一，導致被丟在哈爾濱的一所學校，至今對哈爾濱都還有陰影啊！而在和窗口溝通的過程中，差不多就可以確定好這次演講的主題，也不妨參考一下窗口的意見，畢竟他們更知道你的受眾對什麼比較感興趣。

對於像我這種類型的作者來說，最開始的演講一定是分享自己的故事，講自己的奮鬥過程，還有人生經歷。這種內容講多了，就會逐漸提煉出更精華的部分，並且可以自己延伸出相關的小主題，比如我的閱讀方法、寫作方法、時間管理方法等等。

可以嘗試去一些小的讀書會，把這些小主題以小組分享的形式演講出來，既可以鍛鍊自己，又可以再次確認演講的簡報有沒有漏掉什麼，不至於上場的時候內心恐慌，表達時又邏輯混亂。

確定好主題之後，就順帶敲定時間和行程安排。

演講時間上，因為自己還要上班，所以希望安排在週末。如果對方很堅持，就可能會安排在週四或者週五，提前把自己手頭的工作做好交接和安排尤為重要。

外出做演講，我一般會有幾個小習慣，這些小習慣都是我經過了血一般的教訓養成的。

我會自己準備一個保溫杯，入場前裝好溫水。很多人會因為旅館的床不合適，或者太緊張、太興奮而導致失眠，而我一旦失眠往往就會連帶出現胃痛，這時候喝一些溫水對我來說有很大的幫助。吃了幾次虧之後，我就養成了帶保溫杯這個小習慣。

此外，我會隨身攜帶演講用的簡報資料和簡報筆。我會把演講的簡報存在USB裡，即使主辦方要求我提前把簡報給他們，我也會帶上我的USB作為備份。保險起見，我還會在出發之前把簡報存到雲端硬碟上，以防USB出現問題。

我還會提前到場地，站在舞臺中間，提前熟悉現場，以去除內心的緊張。

如果是去學校的話，我會請窗口負責人提前測試一下簡報效果，順便檢查一下簡報筆。我還會走到臺下，觀察一下坐在後面的同學看到的簡報效果，例如字的大小，就能確定下一次要如何調整。

說到簡報筆，為什麼我要自己準備？因為有些學校並沒有這個設備，通常只會有一個講臺，或是講桌，演講者往往是站在講臺後面，在電腦上邊講邊按換頁。

在我看來，這種形式跟上課太像，對一個演講者而言，營造氛圍很重要，如果是分享，就不要太拘謹、太正式。所以，我更希望的是可以在舞臺上隨意走動，甚至有可能走下臺去互動。這樣的話，簡報筆就很重要，與其和主辦方要求，還不如自己買一個，也沒什麼麻煩。

除此之外，我還會在現場發一些小禮物，這些小禮物可能是我自己製作的卡片、年曆，或者是和我的書相關的周邊，比如書籤等。因為我的書很容易買到，所以給大家準備一些買不到的小禮品，用來鼓勵第一個舉手參與，或者第一個舉手提問的人，效果都還不錯。

我還會隨身攜帶簽書用的筆，因為有的時候遇到忠實讀者，或者有特別要求的讀者，我需要替對方畫一些小漫畫。這樣的話，自己最清楚用什麼筆畫得好看。而且我通常都會準備兩支筆，和USB、簡報筆一併放到一個筆袋裡。

做好了以上準備工作之後，接下來就進入演講環節了。

我算不上什麼演講達人，**在做了兩百場演講和分享之後，我會把演講分成這幾個部分：破冰緩和氣氛、提問引發共鳴、提出觀點、講案例、引發思考等。**

破冰環節就是自我介紹。之前我覺得這個環節沒意義，都是在說廢話；後來才發現，**你只有說清楚你是誰、你為什麼有資格去說這個話題，你才能獲得觀眾的認可，從而讓他們聽進去。**

如果現場大家坐得比較分散，我還會提前安排活動，請大家往前坐，並且告訴大家，這樣照片上會顯得人多一些。往往講完這點很多同學都會笑起來，但確實是這樣沒錯啊！

在書店、咖啡館等地方做活動時，開場要儘量簡短，因為能來的人大部分都認識我，或者是看過我的書，他們來是希望有所收穫。**在學校做活動，開場需要稍微長一些，**講一些我過去的經歷，尷尬的事或者有趣的事，還需要透過簡單的介紹讓大家熟悉我，也可以用於暖場。

一般情況下，我會先確定有多少人認識我，用舉手參與的方式進行提問，比如我常會問：「現場有看過我的書的，請舉手一下。」這個提問其實有點危險，容易讓自己陷入尷尬，但我也做了應對措施，如果只有一兩個人舉手，那就先送禮物吧！

我愛問的問題還有：「有多少大三、大四的同學？請舉手一下。」用這個提問可以確定待會我講的簡報裡哪些內容是需要快轉的。如果大一、大二的同學比較多，他們會對自我管理、心態調整、確定目標這一類的內容更感興趣，包括暑期實習之類的話題。但是對於寫履歷、面試，甚至工作後需要注意什麼，這些離他們的生活還很遠，我就會選擇快轉，或者只講架構和原理，不講故事。

所以，短短的一個破冰環節，其實會帶來很多有用的資訊。

這裡我要特別提示一下，

破冰環節要適當依據現場狀況降低自己的心理預期。

我最開始做演講的時候，很希望自己一開口就獲得滿堂彩，但往往結果都是尷尬的，而且是越準備，越尷尬。

對演講者來說，期望一個掌聲熱烈的開場沒有錯，如果現場都是你的讀者，你的梗他們都能懂；但如果來的都是主辦單位自己拉來的人，你千萬別自我感覺良好，大家覺得你這是有病，一旦冷場，整場全廢。

最後，我總結了一個道理：

說三句怎麼也不會說錯的句子，說完你就要點掌聲，掌聲出來了，你就有信心了。

這個妙招屢試不爽！很推薦你也試試。

接下來就是提問引發共鳴。這個環節，你可以講小主題，也可以講大主題；可以用一頁簡報去說，也可以變成一個小的分享會。

我相信大部分能上臺分享的人都會有一個自己擅長的主題，可是如何說好，如何說得好聽、到位，其實非常難。難是難，但也有一些土法煉鋼的辦法。

以下我和你說的這些辦法都是個人總結，如果有不對的地方，還請鍵盤下留情。

1. 他的痛你幫他說，他就會覺得這件事和他有關係。

簡單一句，就是沒人愛聽大道理，所以你得先講事實，再講道理。

例如：你是不是一直苦惱，為什麼你時常加班，卻沒換來加薪？你是不是一直好奇，有沒有可以寫出超過十萬點擊文章的公式？你是不是做事三分鐘熱度，覺得自己總是堅持不下去？

把他的痛苦一連串地擺出來，如果能擊中他，他就會感興趣。

2. 避免囉唆，把道理變成有數字的小標題。

例如，提起加薪這件事，可能人人都關心，但是這裡我要提醒你，把觀點用數據來包裝，既容易產生方法，也容易做出自己的概念。

但是切記，這種自主研發的口訣或概念別太多，兩三個就夠了，因為新名詞太多，大家記不住。

3. 要明白你說什麼的同時，也要明白你在對誰說。

這點其實有點難，因為很多時候你也不知道台下坐的會是什麼樣的人。所以，我開場破冰的時候，會先做一點小調查。

比如，現場有多少已經工作的同學？請舉手一下。有多少大三、大四的同學？請舉手一下。

為什麼要做這種調查和統計？因為你清楚了受眾構成，才能及時調整演講重點。不然台下都是大四的同學，你還在說大一、大二的事，誰愛聽？

現場調查是最簡單的方法，另外所謂的送小禮物、用時事梗其實都是輔助技巧。

演講者基本上需要在臺上做足200%的心理建設，不但要為自己減壓，還要注意調整演講的狀態。

我平時喜歡參加一些論壇，也喜歡參加一些活動，每次有人發表演講的時候，我都會去觀察對方的狀態。你可能很難想像，現場任何一點小小的失誤，都可能會打擾演講者的情緒。所以，不同的人有不同消除緊張的方法。有的人會擺手，有的人會假笑，有的人會不自覺地摸鼻子。

演講裡會有最基本的「手眼身法步」的要求，大概就是說你的眼神、肢體、行動和手勢要如何配合。而這些都是演講者熟悉了演講內容、簡報節奏以後，才進行的附加訓練。你的動作好不好看、手勢到不到位、走位對不對、和人打招呼的方式、點選提問者的手勢……等等，都需要練習。

演講，不僅僅是講，還需要演。演什麼？我覺得肢體動作算一種，但這不是演的全部，**我認為最好的表演是揣摩。演講者揣摩了觀眾的內心活動，把觀眾最期望看到的那個形象物化，借助技巧把觀眾最感興趣的部分放大，這就是演的奧妙。**

而一場演講裡最難的是兩件事：

第一難的是說明白自己。

即使你是大家耳熟能詳、家喻戶曉的名人，當你站在舞臺中央的時候，你也依舊要說明：你是誰，你為什麼來，今天你有什麼事情值得跟大家分享。說自己，說目的，這是最難的環節。而且要根據受眾的年齡、接納程度，甚至是感興趣的點，進行不斷修改。

第二難的是把故事說好。

講故事人人都會，但是要講得有節奏、有起承轉合，講得從開頭丟一個梗別人就想聽到最後，一路聽、一路跟，這太難了！

以我的經驗，把故事說好的人都必須忍受兩點：

1. **能忍受停頓和靜默。**

現場是有節奏和氛圍的。為什麼很多時候脫口秀演員喜歡甩段子，加點輕快的音樂？因為不這樣做就會太沉悶。而且人的緊張是可以被聲音、動作帶出來的，你越緊張就會講得越快，節奏越容易亂。如果現場的回應和互動再差一些，演講者就很容易喪失信心，這個現場特有的氣氛就散掉了。

然而，成熟的主持人有個壞習慣，就是怕讓話掉在地上，因此很多做現場的主持人都會有話多的毛病，讓人覺得特別吵，這是職業習慣使然。對他們來說，一秒鐘的空檔，就宛如一個世紀那麼讓人難受。

但對於一個演講者來說，適當的停頓，甚至是留白，是非常容易引發別人思考的。演講者要對這個停頓具有無比的自信，才可以留在這裡，轉換狀態。當然，演講者在停頓之後再丟出一個有震撼力的梗來，或者給一句爆點十足的金句，才可以抹平之前的空白。

2. 你可能很長時間都說不好故事，而且說的次數越多，越覺得自己在倒退。

凡事都有個標準，就好像在電視機前面看別人參加唱歌比賽，誰都能當評審，說這裡不好，那裡不對。你行你上啊！挑錯誰不會？所以，你知道一場好演講是什麼樣的，最怕的是你知道卻做不到，或者你知道，也去做了，但是努力很久也做不到。這才是對自信最大的打擊。

我經常在演講中講自己真實的經歷，這些故事不僅精彩，而且非常有意義，不過其實很長一段時間裡，當我講完某段經歷，發現台下回應者寥寥無幾，根本達不到效果。這種時候就容易產生自我懷疑，我怎麼就這麼笨，連自己的故事都說不好……後來慢慢地我才找到節奏感，故事越講越精彩。說白了，就是缺少練習，只有不斷練習才能越講越好。

做一個演講者不難，但做一個優秀的演講者很難。

能上來不先說道理，而是拋出一個讓人感興趣的觀點；能侃侃而談，擁有鎮住全場的氣勢；能言之有物，還能做好儀態和表情管理，這樣的一場演講不只是演講，更是一場視覺和聽覺的盛宴。

不論多成功的人，也都是從普通人開始的。選擇在人前開口講話，就已經是一件特別勇敢的事了！如果你本身沒有什麼資歷，或者你沒有最好的方法，那麼就用真誠去演講。因為不論多炫目的技巧，都敵不過真誠的態度；不論多華麗的表演，也抵不過自然的舉止。

最後，祝願大家都能上臺不慌，好好說話。

兩百場分享，從「雞湯作者」到「知識網紅」

出第一本書那年，我一聽見「雞湯」兩個字就敏感起來。

我也不知道從什麼時候開始，「雞湯」這個詞好像變了味道，大家只要看到故事，不管裡面有沒有內容，自己有沒有感觸，都先甩出一句「這就雞湯文啊」！好像說完這句話特別爽快。我們這些作者也慢慢地見怪不怪了，在一些作者群裡，大家偶爾還會互相調侃對方只會寫「雞湯」。

而我從一開始就設定了自己出書後的任務：要演講，要走進學校。

有一次，出版方替我聯絡了天津圖書大廈，說是現場不用投影片的！

我這種沒了簡報投影片就不太會說話的人，心裡開始怕了，於是就在路上想，要分享什麼話題呢？

要不就說一個小的主題，再結合自己的故事，最後給大家總結幾個關鍵吧！這麼想很容易，但到現場說的時候，還是尷尬。

書店裡人來人往，我像個來賣東西的。現場僅有的幾把椅子被一些我叫來的樁腳佔住了，其他路過的人就站在外面瞄幾眼，然後有的走開，有的留了下來。

那場演講我不敢說是成功的，但也讓我開始反思：我不可能每次都去學校講，每次都和學生說自己，如果沒有那麼長的時間，那我該怎樣把自己最鮮明的東西展現給別人看呢？於是，我開始思考「主題演講」這件事。

作者不是天生的演講者，所以最常用的套路就是「說自己」：我是誰，我做過什麼，我是怎麼出書的，我認識了誰，我的朋友是怎麼看我的。

而因為出書的關係，我認識了一群作家朋友。**別人出書需要嘉賓，我也過去湊熱鬧，來來往往我就大概知道怎麼做一個嘉賓。比如，如何替朋友的書捧場？如何替自己的發言找亮點？如何讓話題再回到活動本身？**

活動參加多了，我就在思考，我可不可以和他們做出區分，做出自己的特色呢？

這個時候知識分享興起了，開始出現了大規模的線上自學，各種知識分享社群紛紛崛起。我也接到了不同的邀約，但和之前不同的是，分享活動都是兩個小時，所以我可以講故事、開玩笑、走到台下去互動。而線上分享大部分都是一個小時，或者半個小時，大家聽完可能會互相討論，但我看不見人，只能看到一個個名字。

我的內心更慌了，因為我不知道自己分享的東西會獲得什麼回饋？好在很多邀約都會要求我提供演講的主題和要點，方便前期宣傳。我就硬著頭皮去寫：例如這次的分享主要和大家說的是畢業後你要做什麼準備，包括畢業心態的準備、履歷的準備和面試的準備。

那時候我還不知道這個東西叫作架構，完全是硬著頭皮去寫，然後把自己在學校分享和校園人才招募活動的經歷都更新上去。畢竟我一個人的故事還是有限，而且隔了十多年也未必有代表性。就這樣，我誤打誤撞地分享了一場，結果沒多久，各種社團之間就好像一陣風一樣地傳開了，說有個叫小川叔的人說職場挺不錯的。那時候大部分的分享都是免費的，所以線上分享也是免費提供的。但是沒關係，我仍然一次又一次地空出晚上的時間，拿著手機，插上耳機，確認訊號暢通，然後分享半小時或者一個小時，剩下二十分鐘和大家互動回答問題。我的邏輯思考和臨場應變能力，在這一輪的歷練當中飛速提升。

至今我都很感謝那些邀約過我的社群，是它們給了我鍛鍊的機會，給了我更大的演講平臺。

接下來，我的第三本書出版，我藉著各大社群的分享活動，開啟了馬不停蹄的宣傳活動。最多的時候，我一個晚上做兩場分享。最驚險的一次是確定了分享時間，但偏偏那天公司老總臨時要求開一個會議，眼看著時間快要到了，我只好假裝肚子痛躲進廁所裡，硬是做了半個小時的分享，回來再開會，然後又再假裝上廁所，做了十五分鐘的回答提問，實在驚險。

因為分享活動，我認識了很多學習型的社群，也因為分享邀約，逐漸結識了很多知識型的大人物，比如古典老師。當年我出第一本書的時候，他已經是百萬級的暢銷書作家，而我還是個小咖，去聽他的講座時，現場合照還透著一股粉絲找偶像合照的青澀氣息。

但誰也沒想到，僅僅過了一年多，我變成了三本書的作者，在一些社群裡多了曝光機會，認識了一些百萬粉絲的網紅，也變成了和古典老師面對面喝茶的好朋友。

後來知識付費開始興起，我也報名參加了一些收費社群，其中收益最多的是李海峰老師和秋葉大叔的知識社群。我幾乎是在這兩個社群裡完成了自己從一個故事分享型作者向知識型作者的轉換，也認識了我一直夢寐以求的線上教育達人——秋葉大叔，還有蕭秋水等知識型網紅圈的好朋友，後來大家做全國巡迴到了北京，我也受邀做分享。

當我接到這個邀約的時候，我已經做了兩百場的分享，一百個小時的職場諮詢。但是我深知，這離我未來希望做的線上教育，還有很遠的路要走。不過，有什麼關係呢，只要有了目標，就有了到達那裡的動力。

我一直都有一個夢想，夢想有一天臺下的觀眾不是主辦單位自己拉來的，不是書店找來湊人數的，而是真的為我而來的。我希望有一天，我可以面對一個五百人的舞臺，或者一千人的舞臺。

可是當這一天真的來臨，我其實蠻害怕的。那天臺下的觀眾都是買票入場的，他們花錢進場聽我們幾個人分享，他們是會失望，還是會有所收穫？我能發揮得好嗎？

因為演講有非常嚴格的時長限制，所以我在家演練了很多次，包括如何配合簡報丟梗、說段子、增加互動，以及什麼時間說故事、講技巧。我演練了足足十次，但有三次都超時，我決定在簡報上做一個「暗號」，心想，萬一講到這裡時間到了，就直接結尾。

開場，秋葉大叔的分享是掌聲雷動的，我內心真的是接近崩潰，覺得自己要完蛋了。最後我硬著頭皮上場前，再一次拿出自己的「不緊張大法」——深呼吸，自我肯定，上臺前三句不出錯的打招呼，鞠躬要掌聲，然後抬起頭。當我看到臺下一張張真摯的臉，那一刻我有一種自豪感，彷彿頭頂上有一道光，覺得自己被加持了，被上天肯定了，好像有個聲音傳來說：「恭喜你，你做到了。」

從那一刻開始，我覺得自己又不一樣了。

「我們都比自己想像的要強大。」抱持這樣的信念，你會遇到不同的朋友，或許會告別曾經的圈子，進入新的領域。在練習再練習、積累再積累的過程中，或許忽然會有那麼一個時刻，自己為自己加冕，你會覺得從裡到外變得不一樣了。

以前我辦新書分享活動，在現場通常把自己放得很低：我覺得自己沒特別有價值，我覺得大家來看我，真的是太給我面子了，恨不得跪下來感謝。

經過了這兩百場分享，當我站在知識分享的舞臺上，當我也可以和那些大人物坐在一起的時候，我漸漸在內心找到了自己的價值，包括我的經驗、我的總結、我的進步、我走的每一步。

我的價值，就是我一直都在努力地往前走。

我的安定，就是我終於不用再關注別人出書，對比銷量的落差而暗自神傷。

我能肯定自己的努力，甚至能看到自己成長的軌跡。

我的價值，是有一天我終於敢對自己說：你的分享是有意義的，值得被聽到。

我儘管笨，儘管辛苦，儘管緩慢，但我都走過來了，也往上走了。

我真喜歡這樣的自己。

演講不只給我自信，更改變我的思維

自從越來越多的單位和機構找我做分享之後，對我來說最大的改變是：抓重點的能力變強了，邏輯思考能力變好了。

在出書之前，我一直覺得，演講和寫作都是別人的事，我最多就是當個業餘愛好者。但等我接觸了寫作和演講之後，我才發現，這些其實是最基本的，也是職場裡最容易提升自我的兩個技能。

我之前單純地把寫作理解成寫小說，覺得會寫作的人必須有文采。但我發現大家越來越習慣看結構性強的文章，換個角度來看，這種文體不就是我們工作彙報的延伸形式嗎？

你發現了什麼問題？

你是如何分析這個問題的？
你的解決方案和依據是什麼？
你要如何具體執行？

把這個框架拆解出來，你會發現：既然工作報告可以這麼寫，你的文章也可以這麼寫。

我是做品牌的，管理全集團所有項目的行銷宣傳，以前在向老闆做年度提報的時候，很容易陷入單點作業，就是圍繞一個線下活動去做包裝。如果這個活動被否定了，整個報告等於廢了。

在嘗試了結構型文章寫作之後，我的思路逐漸變得清晰。如果要解決問題，你要先發現問題，而且最好是在提報的開頭就向老闆提出問題，而這種溝通能力以及臨場應變能力，很大一部分來自演講的訓練。

演講能力，放在工作當中就是工作的彙報能力。在我還是品牌經理的時候，每當工作彙報被否定，我都覺得那是老闆的錯，因為她根本不聽我講完方案。我心想，你不知道我這個方案多有趣，妳要是這樣做，妳會得到前所未有的效果。

我後來才明白，如果一開始方向就不對，你做得越多，很可能錯得越離譜。**努力，要在對的方向上努力，這樣成果才能翻倍。**對老闆來說，如果你不清楚他急需解決的問題，你診斷不出他的目的，你只是想憑藉小技巧，甚至是誇大效果這種方式去唬弄他，那是不可能的。每個老闆都不傻，他們會直接拋開表象，看到問題的本質。「你的方法都好，但目前不是我需要的；你不知道目前我們要解決什麼問題。」我曾經有好幾個報告被老闆這麼評價過。

以前我在乙方公司的時候，聽到甲方說這樣的話，我會覺得他們不識貨。後來我在甲方公司，上司如果說這樣的話，我會覺得上司太主觀了，不能打開自己的格局。這種反覆被否定的過程，我大概經歷了五年時間。在這期間，我一直徘徊在執行層負責落實事情，而不是在發現問題提供方案的職位，所以我一直沒辦法升遷。而學演講以及去香港大學再進修，讓我逐漸找到了問題的主軸。

的確，眼花撩亂的解決方案，會讓寫方案的人自己很嗨，他們希望懷抱的滿腔熱血也能點燃老闆。但往往老闆會比他們清楚，這不是對症下藥。換句話說，一個不合格的醫生去給人診病，病人明明知道自己是牙齒痛，但醫生卻拚命向對方推銷治療香港腳的藥，不管是誰，大概都會發火吧！

我的每一場演講和線上分享都會有一個環節，叫「互動提問」。一開始的時候，五花八門的問題令我措手不及，但後來遇得多了，就漸漸激發出我的臨場應變能力。

其實每一個提問，對我來說，就是一場即興演講。用最短的時間去梳理這個問題，找到我認為的切入點，按照「觀點、診斷、方法」的邏輯順序去解答，最後收穫掌聲的時候，內心的成就感也會達到頂峰。

我的一部分邏輯思維是從實踐當中獲得的，或許你沒那麼多嘗試錯誤的機會，那要如何去培養自己的邏輯感呢？

日本作家赤羽雄二在他的書《零秒思考力》中介紹過一個方法，就是**將Ａ４紙橫放，第一行寫上問題，下面寫四～六行你對這個問題的解答，一分鐘內寫完。利用這個方法，可以訓練自己拆解問題的能力，這個方法我至今都在用。**據說這個方法訓練三週以上就會見到效果。我比較笨，花了差不多半年時間，加上學習演講的基礎才算是找到了竅門。

每次在遇到有人**現場提問**，對我來說都是一個不小的挑戰。我會透過聆聽迅速抓**住對方的核心要點，圍繞要點展開一分鐘或者兩分鐘的演講，緊扣主題，給出方法，影響他人。**如果這個領域並不是自己熟悉的，就要水平連動，用我所知道的原理，給對方可以參考的答案。從一個提問出發，抓重點，使用**「總結—分述—再總結」**的方式，或者是**一二三層層遞進**的方式，有邏輯地闡述。

演講還教會我一點，就是**道理和故事結合，理論和案例並行。**全是道理的演講會讓人困頓，就好像上課一樣枯燥。但如果全是故事，大家哈哈大笑，聽完又覺得沒什麼收穫。所以，如何把道理和故事完美揉合在一起，這其實是需要經驗的。

在工作中，有時候我們向上司的提報也是如此。總是給結論，說一些你認為對的話，很容易遭到反駁，**嘗試在結論背後給一些論據支撐，多舉一些例子，以點帶面，就會迅速和老闆的思路達成一致。**

多樣的表達形式，其實鍛鍊的是應對能力。過去我向主管彙報工作特別愛說前因後果，雖然主管不說，但是我能明顯感覺到他臉上的神情是無法專注的，而且我都覺得自己的彙報很囉唆。

老闆也好，觀眾也罷，他們都是人。只要是人，看事情就會帶有自己的判斷和傾向。嘗試找到對方的思維脈絡，變換自己的溝通方式，才能一擊命中。

當我掌握了這個要領之後，升職加薪的機會也就接踵而至了。

在演講的前半段我偏重於故事型的分享，主要是講述自己在職場裡遇到的一些人和事，然後在結尾的時候提煉道理。後來經歷了一系列讀者提問的鍛鍊，還有我對演講的深入思考，我發現如果故事太長，觀眾沒多久就會精力不集中，打哈欠、看手機，就像聽我當時彙報的主管一樣。一旦看到聽眾出現了這種情況，我會更著急地把故事說完，就導致最後出現的那個道理迴響平平。後來，我改採把結果先說出來，然後吊胃口的方式，讓大家聽下去，這一招果然奏效。

我還把這個招數用在了新進員工培訓上。

身為公司品牌負責人，我需要給入職的新員工做公司發展歷程和品牌的宣導，但很多時候大家都缺乏興趣。於是我就在簡報裡加入一些問句，比如為什麼老闆幾十年如一日地關注中式建築？或者說到企業給了員工哪些機會，就舉我自己這個活生生的例子，從入職到現在薪水翻了十倍，你們想不想知道加薪的祕密？這些我會在後半部分說到。

先拋出結論，再帶著線索去講故事，受眾的注意力也就集中了。

我也用來調整了自己彙報的方式，先給老闆結論，再說理由，再舉例子，這樣任何一個階段，如果上司有事情要去忙，我都能按照不同的時間長度給出不同的彙報層級。例如**給我一分鐘，我就只說結論；給我三分鐘，我就會說，原因有三點；給我五分鐘，我就會補充一個例子，或者是同類型的案例。**

訓練自己的邏輯能力其實是一個循序漸進的過程，**如果A4紙的邏輯訓練方法暫時還沒讓你見到效果的話，不妨使用一個我在演講互動時常用的歪招，凡事都逼自己說三點。沒有三點內容的就硬湊，超過三點的，之後再補充。**

這種強硬逼迫的方式，會讓你的演講在短期內聽起來比較有邏輯。比如和主管開例會，你可以說：「關於上個月的工作，我做了三方面的重點總結……」

羅馬不是一天造成的，有邏輯的表達也不是。希望大家都能先從三點內容出發，有邏輯，別忘記。

我在國際演講俱樂部Toastmasters學到的事

雖然做了那麼久的分享式演講，但我還是演講學校裡的小學生，對於演講的要求以及標準，只有模糊的認知。因為心裡一直都有學習演講的想法，因此當我得知一位學弟常去一家頭馬演講俱樂部*的時候，我就纏著他帶我去。

學弟非常不解地問：「在外面做過演講的人去那裡幹嘛？是要去那裡秀技術嗎？」他的這句話提醒了我，於是在去俱樂部之前，我做了兩個決定。

* 「頭馬演講俱樂部」全名為「Toastmasters International」，一個專注於提高會員溝通力、公開演講與領導力的國際非營利型演講俱樂部，於一九二四年創辦於美國加州，至今已在一百二十二個國家設有據點，擁有超過二十九萬名會員。

第一個決定是，我在這個俱樂部不使用「小川叔」這個名字。一來我是怕碰到讀者，他們可能會對我產生一些既定印象，如果我沒有發揮好，可能會因為羞愧最後不敢來了；二來我要清空自己並且從零開始。既然想要好好學習，就要先把自己原有的一些內容清掉，不帶任何成見地去學習，才有可能學到東西。

第二個決定是，既然我打算來這裡學習，那就不能放任自己懶惰和怯懦，所以我要求自己每次上課都儘量坐在第一排，每一次活動都要積極地舉手參加，爭取上臺發言的機會。

二〇一八年七月三十一日，那是一個平凡的週二下午，我終於鼓起勇氣走入了雙井樂成中心這家俱樂部。從此以後，我每週二都會來，從未缺勤過。每次我都坐在前排的位置，即興環節裡一定會舉手發言。漸漸地，我被人記住，被大家鼓勵，我逐漸找到了演講的方法，我甚至開始上臺分享如何做一個兩分鐘的即興演講。

我至今都記得第一次上臺時的情景。當天的主題是「星座傳奇」，主持人讓我在十二個星座裡選一個，我選了自己的星座——巨蟹座。我曾經的一位主管也是巨蟹座，我開始吐槽這個星座的缺點，可故事還沒說痛快，就被提示我時間只剩30秒了。於是，我趕緊把話頭收回來，做個結尾。下臺之後，我的心臟還在狂跳，最大的感受不是自己講得好不好，而是兩分鐘的時間也太短了吧？我感覺自己什麼也沒講！

那次我拿了即興演講最佳獎。我覺得自己說的還不是很好，當時心想，這肯定是他們俱樂部在鼓勵新人，我希望下一次可以說得更好。

從那之後到現在，我在俱樂部裡一共拿了二十七張獎狀，包括社區比賽和中區比賽。

如果你現在問我哪一次狀態最好，我可能還是會回答「下一次」。

在俱樂部這半年多的時間裡，我從最開始對舞臺有著強烈的敬畏心，希望自己表現得特別好，到如今可以接納自己的緊張、失誤，甚至是失敗。

我學會了如何去享受這個舞臺，找到了對這個舞臺的親近感。

我在這裡還學會了注意自己的語氣詞，儘量減少演講裡多餘的口頭禪，或者不必要的「這個」「那個」「嗯」等詞語。由此帶來的職業病，以至於有段時間坐計程車，聽到車裡的電臺廣播，我都會不自覺地數這個嘉賓用了多少個「然後」。

在沒有來俱樂部之前，我還自認為有一些演講基礎，上臺的時候應該不至於太弱。後來才發現，俱樂部每次舉辦活動都會有語法評審、時間提醒員和口頭禪提醒員，他們就好像身邊的監督員。你看似流暢的表達，他們會分別告訴你，你在此過程中用了多少修辭手法，你的用時情況以及時間分配上的問題，此外就是一共出現了多少個口頭禪。這些小的調整和校對，會讓我逐漸修正自己的小問題。

目前對我來說，最大的改變就是，我演講的意識變得更集中也更有邏輯性。

不論是即興演講，還是有準備的備稿演講，時間的長短決定了字數的長短。我記得我第一次上臺做備稿演講，聽說演講時間最多6分30秒，那時一分鐘是160～180字，我怎麼推算稿子都會超過字數，但還是硬著頭皮先去寫稿，然後從兩千五百字開始逐一刪減。在刪減的過程裡我不斷問自己，這個故事還可以更概要嗎？刪減後的這些字是否圍繞著主題？是否突出了觀點？坦白說，在這之前我從來沒覺得在一個演講稿裡，精煉是這麼必要，每一步的起承轉合都需要精準到位。這個訓練讓我逐漸學會儘量少說廢話，先建立邏輯，才有表達。

經過演講培訓之後，我養成的最大習慣是在和別人溝通的時候，先說結論，再把後面的步驟或建議分成三點內容，最後在發言結束的時候還會做一個小結。

能力的提升帶來的是欣喜，同時還有人脈。在每一個群體裡，有才華的人都會被人看到。同時，沒那麼有才華，但是很努力的人也會被人看到。

我自認為沒什麼天賦，甚至領悟得都比別人慢，好在我的優勢就是肯踏踏實實去鑽研。每次做聽眾的時候，我都會默默地先自行演練，如果是自己去講這個題目，我會怎麼去設置內容，這個演講者有什麼地方是值得我借鑑的。

就這樣，我一步一步從一個演講新手，漸漸變成了一個敢說話，而且說得有條理的人。我從一個害怕別人的讚美，總覺得自己不夠好的自卑型演講者，一點一點地被人肯定，漸漸找到了自己的演講自信。分享為我帶來了更多的朋友，讓我認識了一些水準更高的人。

當然，這個過程也不是一帆風順的。有段時間我倍感壓力，總覺得自己到了一個瓶頸期，甚至有點害怕這個舞臺，因為我總是希望自己能呈現更多不一樣的東西給別人。我也是一個比較苛求完美的人，所以每次演講，我都要準備充分，往往一個7分鐘的稿子，我會修改三五次，練習近百遍。可是我練習的次數越多，內心越覺得恐慌，我害怕犯錯、害怕失誤，甚至害怕別人說我套路太多。這個心結，很久之後我才找到答案，這個過程我會在下一篇文章裡說一說。

演講教會我最重要的一點，是欣賞他人。

在俱樂部的舞臺上，每個人都有機會去評論別人的演講。大家評論的時候，一般是以激勵為主；不過對於我這個天生的「吐槽小能手」，很容易只看到別人的問題，看不到別人的長處。

我開始特別怕評論別人，尤其是對方演講得很糟糕的時候，我還要強行讚美，會覺得自己說得言不由衷。後來，我發現俱樂部裡有幾位評論高手，他們的評論不但精準到位，而且給的建議非常有用，我作為一個旁觀者都被激勵了。這時候我才突然意識到，**演講的舞臺並不是秀場，你不是演員，你要做的是影響，是傳遞，是站在對方**

可接受的角度去溝通。

當我想到這點的時候，突然茅塞頓開。我終於明白為什麼我講得戰戰兢兢，為什麼我之前的演講特別容易讓觀眾走神，是因為我一直都在展示我自己，我並沒有看到觀眾的需求，我更多的時候像一個老師，只是想把我要教的東西給教完。

如何讓你說的話被對方接受，這取決於你是否會欣賞對方。

想要做到這一點，就需要你先平復自己的情緒，然後客觀看待這個人，從對方的言談話語、行為動作裡找到他的優點，再從對方可改進的地方，按照優先順序做一個排序，給他一些容易做到的具體建議。都說察覺是最好的學習起點，當我察覺到自己的問題，學習就不是難事了。

成年人的學習，最好的方式是模仿，既然身邊有高手，那就直接從高手開始研究。**在這裡，我運用了自己之前看書以及做自媒體總結出來的方法——拆解。**

萬事萬物都可以被分解，當一個人事物整體看起來特別美好的時候，我除了欣賞

它的好，就是要拆解它，搞清楚它到底哪裡好。

我喜歡俱樂部主席的評論風格，拆解之後發現她每次都善用結構式的方式，別人還在說感受的時候，她已經把對方的演講按照「開頭、結尾、觀點」三個方面做了歸納總結。俱樂部另外一位幽默小王子自帶笑點，我發現他擅長利用反轉和故事去烘托現場的氛圍。

演講讓我把之前在知識管理課程裡學到的內容都上了，我漸漸不再把演講當作一個展示的舞臺，而是當作一個溝通的舞台，一個臺上臺下互相關注的舞臺。我說什麼話可以吸引到對方？我要做什麼樣的動作可以喚醒對方而不讓他們發起呆來？漸漸地，我不再只會背稿，更會把動作、語氣和節奏融入演講內容中。

突然，有一個聲音提醒我：這不就像是對老闆報告嗎？

用聲音的高低和快慢提示對方你的重點是什麼，用眼神觀察對方此刻是否在意，以此判斷你要在什麼地方說慢些，在什麼地方說快些。在推出主題的時候，你要如何去闡述？在說明方法的時候，你是否還有內容可以去論述？原本我只是把演講當作一次自我提升的機會，從沒想過演講能給自己帶來這麼大的收穫。

這個技巧讓我獲得Toastmasters演講小組賽冠軍

加入演講俱樂部三個月後，我在俱樂部的社區賽上拿到了第一名。我來和大家說說，我是怎麼拿到第一名的。

上臺比賽那天，是我第八次去頭馬演講俱樂部。沒想到吧？

給你看看我這幾個月是怎麼過來的：

第一次：第一個舉手發言，回來總結自己的問題，圈定下次即興演講的目標。

第二次：依舊是搶第一個舉手發言，完成最開始的目標，之後看重播錄影，總結自己過程中遇到的問題。

第三次：申請當語法評審，因為發言的時間最長，提前把語法分成三種類型，歸類總結。

第四次：時間提醒員有事來不了，我就頂替了他的位置，上場前按照綠卡、黃卡、紅卡的順序，編了一個順口溜給大家加深記憶。

第五次：本來打算清空自己，但萬萬沒想到題目居然是「網紅」。身為一個「網紅」怎麼能不好好說一下呢？於是又上場了。

第六次：挑戰即興環節主持人，採用的是情緒加故事的表達方法，從下一個環節的選手裡找到自己的模仿對象。

第七次：正式成為演講俱樂部會員，馬不停蹄地挑戰第一個環節，開始備稿演講之路。第一次做6分30秒的演講，排練五十次，依舊緊張，完成之後寫了自己一路走來的過程。

第八次：參賽，第三個上場，因為週末兩天都是培訓課無法排練，只是提前把稿子改好了，優化了上一次演講環節裡的問題，重新梳理了節奏。晚上登臺，獲得小組賽冠軍。

我不知道是什麼緣故，很喜歡幫自己設定目標。對我來說，有目標，就會有收穫和結果。任何領域，機會都是有限的，沒有目標，根本不會有去爭取機會的支撐點。

你要學會設定步驟和察覺，想一想自己這次的問題出現在哪裡，下次要如何調整。**之所以成長困難，很大一部分原因是輸入不夠，還有一部分原因是消化不良，知識沒有被充分地吸收，而只是模式的簡單重複。**如果你給自己訂的目標就是看書和寫讀書筆記，或者把讀書筆記做成心智圖，結果可能收效甚微。你讀一百本書和讀十本書，只是數字的差別而已。

你要不斷給自己設定不同階段的目標，比如，我之前都是用總結的方法寫筆記，這次我可以使用框架的方式寫嗎？「總結→分述→再總結」的方式呢，我可以用這種方式來讀書嗎？我可不可以不從頭讀，我跳讀可以嗎？從目錄判斷重要章節，並且從這裡猜測其他章節的內容，用速讀來確認自己的判斷是否正確。或者，在這本書，花三十分鐘圈出裡面的觀點和可延伸領域，這個我可以做得到嗎？

你不給自己制訂目標，就是在同一個平面打轉，上不去就是上不去。別做一頭原地拉磨的驢子，自己假裝忙得夠嗆，但其實就是在繞著一個點轉圈。

成長的上升挺難的，但如果第一步察覺都做不到，後面就沒辦法做出計畫。而察覺往往來自多給自己一些提問，一些方向，一些可能性。

看到我在演講俱樂部的八次培訓，想過有什麼規則可循嗎？你應該很容易發現我在每一次培訓中都給自己設置了「成長任務」。每次我都提醒自己，這一次你為什麼而來，你打算解決什麼問題，這才是成長的重點。

除了設定步驟和進行察覺，我還想和大家說的是「投機取巧式」的刻意練習。刻意練習其實沒有錯，但是在前面我說了，別做原地拉磨的驢子。

為了參賽，我給自己設定的流程是，先試講一次，之後根據現場回饋修改稿子，再把試講的稿子當作比賽稿。參賽型的限時演講最致命的關鍵點只有兩個：時間和題材。超時，就失去了比賽資格；題材，這是和寫作主題有關，可以翻看我在下一章談寫作部分的總結。

作為一個話多的人，我從不知道演講只有6分30秒夠講什麼。那怎麼辦？我要先做一輪測試，看看自己一分鐘可以說多少字。確定了自己一分鐘說的字數之後，開始嘗試壓縮稿件，並且讓其他成員給我提意見，一起動腦筋。之後就是調整內容的順序和邏輯。最後就是痛苦的練習。

先按照6分鐘一次的速度快速閱讀，十次之後我嘗試脫稿，發現有問題的地方，加入嵌入記憶點的連結詞，再練習十遍開始做分時間段練習。

為什麼要分時間段？因為我下班後時間有限，如果6分鐘演講，做十次就是一小時，一晚上最多抽出兩個小時來練習。對演講而言，開頭一定最容易，因為練習次數最多，那練習次數最少的很可能是結尾這個時間段的內容，以及自己最容易卡住忘詞的部分，要找出這些內容，並且重複練習。

我把我的演講詞按照行數，畫出時間線，用練習反覆去校對，最後終於能夠順利地在6分30秒內說完。

除此之外，想要掌控時間，還需要給自己設置一個里程碑，也就是現場計時器的第一張提示卡——綠卡。綠卡舉起來代表你還有兩分鐘的時間，所以我要在出現第一張卡片的時候，找到自己的演講詞對應的節點。如果時間剛好吻合，那完成後面的稿子就有十足的把握了；如果時間不吻合，那後面就要加速了。

第一次試講的時候，我緊張得心臟都快跳出來了，我儘量讓自己充分體驗這種情緒，並且接納，這讓我在第二次演講的時候心態更平和。

第二次登臺，比賽的時間要比原來試講的時候多一分鐘，變成了7分30秒。常規來說，一分鐘是120～140字，那我要利用這一分鐘嗎？我需要在原來的稿子上增加一百多字嗎？我猶豫了好久，最後決定大刀闊斧地改掉原來的稿子，保留原來的框架，重寫開頭和結尾。因為是參賽，為了保險起見，我替自己設置了兩個結尾，萬一超時，就講到第一個結尾處停止，至少還會保留參賽資格。

因為這個稿子已經練習過五十次，後續練習的時候，只要重點練習新增部分的邏輯和語感。**而演講現場最怕的是忘詞，而忘詞的理由往往是找不到上下文的聯繫。那麼，怎樣才能讓上下文出現聯繫呢？我的做法是，加入重複性的提示詞。**比如，我的演講詞有一段是這樣的：

「這句話就像一記鞭子，狠狠地把我打醒。我來北京不是為了苦哈哈地存錢，我是為了找到機會證明自己辦得到。

所以我利用自己學過設計的機會，一個人身兼文字編輯和排版設計兩個職位，留在了那家公司。我開始有意識地調整自己接兼職工作的領域，人物採訪、電視編劇、當作家的寫手，每個領域我都努力地去爭取。我交稿快，品質好，價格便宜。我知道，不論是全職還是兼職，只要我還是個「新人」，我就只能憑藉低價格和高CP值才能換來機會。」

上面兩小段之間非常容易卡住，因為上下文沒有太多聯繫，每次講到這裡我都想不起下文是什麼。所以，後來我琢磨了一下，決定加入一個連結下文的句子，於是它變成了這樣：

這句話就像一記鞭子，狠狠地把我打醒。我來北京不是為了苦哈哈地存錢，我是為了找到機會證明自己辦得到。可是機會在哪兒？機會就在我自己手裡。

我利用自己學過設計的機會，一個人身兼文字編輯和排版設計兩個職位，留在了那家公司。我利用自己接兼職工作的機會，積極拓展領域和人脈，人物採訪、電視編劇、當作家的槍手，這些我都做過。我交稿快，品質好，價格便宜。我知道，不論是全職還是兼職，只要我還是個「新人」，我就只能憑藉低價格和高CP值才能換來機會。

「機會」這個詞就是上下文的記憶點。我增加了一句話，還把下面兩個例子也都做了相應的調整，那麼「機會」這個關鍵字就可以從頭貫穿下來，這樣忘詞的風險就很低了。

看到這裡，一些愛演講的朋友們會靈光一閃說，川叔，你這招太棒了，我怎麼沒想到。其實，我也沒想到，如果我一直沒去練習的話。當然，可能你還會說，我也想練習啊！但我真的很忙，沒有時間把完整的演講詞全部排練過。

是的，這次我在排練的時候也遇到了這種情況，所以我就把演講詞拆成一分鐘一分鐘的形式。坐電梯、坐車，一分鐘的時間總是有的。想不起來時，就想想有什麼解決的辦法，於是一個辦法接著一個辦法就出現了。我們每個人每天可拿出的時間幾乎是一樣的，平凡無罪，其實大家的智商、體力，甚至解決問題的能力，都差不多。那為什麼結果會大相徑庭呢？到底是從什麼時候開始變得不一樣了呢？

演講這件事，說大也大，說小也小。
你怎麼對待自己的每場演講，或許你就會怎麼對待這一生。

【第四章】

寫作輸出：寫作帶來的第二人生

我的第二人生，可以說是從出書開始的。
在寫書的過程中，我逐漸看清楚了一些東西，
我的文字似乎伴隨著我變得成熟，
而我除了在這本書裡思考人生，
也梳理了「出書」這件事。

提筆之前，你就該知道你要去哪裡

常聽到有人說寫作很難，不過我起初覺得寫作對我算是比較容易的，不知道是不是和我小學時的作文比較好有關。

寫作，和說話一樣，是一個基本但重要的技能。

以前我一直認為，大家都考過大學，寫作的水準應該都差不多，直到某一次一個在外商擔任高管的網友，說自己在網站上寫了一篇文章，希望我幫她看一下。我打開看完，覺得頭痛，因為真的可以用亂七八糟來形容。

我當時也是沒有經驗，就直接說：「你就把它當作你的工作報告，或者我們以前寫的議論文，你的論點是什麼？論據是什麼？你的所有寫作過程，其實就是你論證的過程。我覺得你這篇文章的邏輯太亂了，不，是根本沒有邏輯。」

這句話點燃了對方的情緒，她足足罵了我十分鐘，然後把我封鎖了。從那之後我就很少幫人看稿。因為每個人都有各自認知的邏輯，尤其是當對方自認為寫得很好，但是我既看不懂，又提了一些對方不認同的意見時，最後就會不歡而散。

關於寫作，我在之前的書裡分享過自己的寫作方法——我是用excel表寫作的。所謂用excel表寫作，就是使用裡面最簡單的計算方法和框架。先把圖書分出章節，勵志書大概十二萬字，一般會分五章，那就用十二萬字除以五，得出每章的總字數。再看一下自己文章的長度，一般落在三千五百字，再除一下，得出一章需要至少七篇文章。

在excel表裡分出五列代表五章，每章下一個關鍵字；把自己已經寫過的文章，按照章節的關鍵字丟進去，每一行寫上文章標題；後面再增加一列，寫上字數。這樣，你就得到了一個最基本的excel表寫作結構範本。

接下來就是很簡單的填空題，讓大家看一下我最初為這本書列的寫作表格。

《窮忙，是你不懂梳理人生》寫作表格

	我出書的這兩年		關於演講		我的自由之路		當總監的這幾年		寫在40歲這一天		
1	大部分的成功都源於機會	2275	最初對我來說，演講是出書的贈品	6070	再學習，不僅僅是鍍金	3925	我是怎麼當上總監的	7584	朋友都說我變了	3629	
2	所謂的定位，是被逼出來的	6114	從「雞湯狗」到「知識IP」，我用了200場分享	3373	讓自己閃亮，別怕這個閃亮	3794	你並不知道的高薪工作的背後	3398	40歲，一個開始失去的年紀	2733	
3	你只有獨一無二才能生存	4705	演講改變我的不僅僅是自信，更多是思維	2291	知識網紅心經	2058	如何應對不可思議的老闆的任務	7912	親情的邊界線	3842	
4	寫作沒那麼難，也沒那麼容易	3523	倒空自己，在頭馬俱樂部學演講	3400	結交人脈這件事	3129	從沙和尚向唐僧的晉級	7474	40歲生日那天我去參加了《奇葩說》	1947	
5	書是商品，作者是商品的一部分	2571	憑藉這個技巧，我獲得了演講小組賽冠軍	4370					主持完年會的第二天我被辭退了	3308	
6	成名其實是一場修行	3386			別擔心，你害怕的未來遲早會來	2000	職場哪有真小人	4707	辭職後的33天	2402	
7	有些圈子，放棄也沒什麼不好	2691	如何準備一場演講	4870	200小時職場諮詢，我總結了這三點	3328	做總監的這3年，我送你的30句話	3362	賺錢的工作和意義	2362	
8	找到寫下去的理由，才是一個合格的寫作者	2103	謝謝你能來	2237					未來的某一天開個雞湯小館	2883	
		27368		26611		18234		34437		23106	129756
	差距	2368		1611		-6766		9437		-1894	4756
	目標	25000		25000		25000		25000		25000	125000
	5章，40個故事，獻給40歲的自己										

有底色的部分代表已經完成，後面的字數都是真實的字數；沒有底色的標題，代表還沒開始寫，但已經有了靈感，後面的字數是估算的；空白的部分代表還沒有寫，暫時也沒有靈感，之後需要增加新文章。

此外，我做了目標字數和現在完成字數的對比，這樣我就知道要在剩下的多久時間內寫完多少字。是不是挺簡單的？

這其實是最簡單的計畫和自我管理的邏輯，先盤點你有什麼，然後建立最初的框架系統，把它們關鍵字化，就成了一個區塊一個區塊的任務，最後用表格把區塊任務分解成單個任務。這樣思考的時候就會把問題聚焦起來。

比如：我覺得演講的部分缺了一篇文章，我寫過哪些有關演講的文章，可以放進來嗎？

我還打算寫什麼方面的？還有什麼是我沒寫的？

這樣既有利於定向思考，也非常有利於定期完成任務。我一直覺得這種方法很簡單，大家也可以使用心智圖之類的工具來做。什麼工具其實不重要，重要的是，容易保存、視覺化，並且自己用起來順手就好。

規劃這件事，是需要自我訓練的。

我在出書之前，在網路和各大報刊上寫的東西加起來有幾十萬字。那時候，我認為寫作是一種天分，比如我會用各種描寫手法，為了一句貼切的描寫或者讓人驚嘆的用詞去寫文章，目的只是賣弄自己的文采，最後依靠靈感的降臨來完成。直到後來有一次我馬失前蹄，靈感之神沒有出現，毫無思路，怎麼擠也擠不出字來的時候，差點丟了時尚雜誌採訪的工作，這才驚覺：其實寫作不能只靠靈光乍現，它其實是一個系統化的工程。

寫作的本質，其實就是表達。

在你提筆之前的那一刻，你就應該知道，你要去哪裡。

過去老師常說，文章要有中心思想，其實就是這個意思。

你看了這本書，它是好，還是不好？如果你覺得它不好，是哪裡不好？列出它不好的地方，寫出一二三，最後總結說它不好。這就是一篇條理清晰的文章。

現在有很多發表文章的平臺，很多寫作者敲字之前其實內心空無一物，導致網路上有大量不成熟的作品。我自己也有這樣的時候。遇到這種情況我會選擇不寫，停下來，先想想標題。一般來說，標題很可能就是一篇文章的主旨。

然後再想想，標題要怎麼拆解？我要寫幾部分？這幾部分和標題有關嗎？無關的內容如果我特別想寫，可以另起一個標題，放到那裡。記得圍繞一個核心點去寫，在展開的時候就不至於離題。

所以寫作對我來說，邏輯其實是大於修辭手法的。文章的框架可以用打草稿或者心智圖，甚至是關鍵字的方式來簡單羅列。一本書按照這個邏輯推演，其實不過是一個表格。

一本書是由幾個章節構成的，每個章節又是由數篇文章構成的。幫每個章節找一個核心的關鍵字，每個章節下的文章都要和這個關鍵字有關，這樣寫出來的書就有結構緊湊、渾然一體的感覺。

嘗試為每篇文章下標題，或者用一句話來描述。例如，這一章寫的是我大學畢業後的第一年，但是這個主題太大，能不能縮小一點？那一年我經歷了什麼？畢業？面試？各種失敗？

那就寫寫畢業後第一年我在職場上的各種失敗，它們可能有外部的，也有心理上的；有找工作上的，也有和家人互動產生的。決定了一個範圍，然後嘗試在頭腦裡模擬這些故事，以及它們的排列順序，要先說哪段、後說哪段，讀者才能看得懂。最後，細化每個故事。

你看到的這本書，我一開始分成五章，每章八個故事，剛好四十個，40歲是我的年紀。我先以這樣的框架，再嘗試去填空，把自己頭腦裡能想到的東西填進去，如果暫時想不到那麼多，就先空著。之後吃飯的時候想想，睡覺之前想想，搞不好哪個時刻就能想到一件事，可以填到某個章節裡。

把能寫的故事先寫了，再慢慢修改。當你寫了三萬字左右的時候，就有一本書基本的樣子了。

寫書其實是一個耗費體力的工作，因為整個過程就是搭好框架，一邊寫好單個故事，一邊想著完善框架。我到現在也不敢說自己是這方面的行家，不過寫得多了，有一些經驗可以和你分享。

人們喜歡看條理清晰的書，更喜歡看論據清楚的文章，最好作者能直接幫讀者抓重點。這是人們閱讀習慣的改變，身為寫作者，要不要迎合這個需求則是個人的選擇。

希望一篇文章給讀過的人留下一點什麼，最重要的是**場景化**和**引起共鳴**、**共感**。

人們會被一些金句點醒，但其實金句的作用有限。

我從寫作初期就很喜歡一個作者，就是三毛。她的文字風格影響了我很久，她寫過一篇文章〈不死鳥〉，我至今都印象深刻。

文章裡寫到三毛當時在替荷西包餃子。荷西一邊看著書，一邊問她：「如果妳只有三個月的壽命，妳會做什麼？」三毛正在揉麵，她用沾了麵粉的手摸了摸他的頭說：「傻瓜，我怎麼會死呢，我還要給你包餃子呢！」

只是這樣一個場景，我卻記了差不多三十年。

當我成為寫作者後，一直都在嘗試自我總結式的寫作技巧。其實，寫作和畫漫畫很像，用文字描述畫面，用場景還原畫面。你可以透過氣味、溫度、顏色等媒介，只要讓描寫的場景和讀者過去的某個場景產生了連結，讀者就容易過目不忘。而在一個不容易被忘懷的場景下，不論文章中的人說什麼話，哪怕是多麼平凡的一句話，也都會被記住。

我以前是寫情感故事的，所以自認對勾起人們的情感很有一套，但是**我在出書之後，會刻意去掉一些煽情的技巧，尤其是心理描寫以及排比句的運用。過度使用修辭手法和心理描寫雖然很容易勾人眼淚，但事後回憶起來，並不太容易產生記憶點。**

最好的記憶點其實是場景，尤其是這個場景對讀者來說似曾相識，那讀者更會記得很久很久。三毛包餃子的那個場景，那沾滿麵粉的手，其實是我媽媽常做的動作，所以這個似曾相識的場景，配合那句「我怎麼會死呢，我還要給你包餃子呢」，我才會一直念念不忘。我在一些文章裡也運用過這個方法，例如——

1. 當年我賺到人生第一筆一萬塊的時候，我把一萬塊領出來，一張一張仔細地鋪在飯桌上，然後我整個人趴上去，想著：原來一萬塊就是這麼薄薄的一層啊，我現在也算是萬元戶啦！

2. 那一年，我去送別來北京混了一年還是不如意的同學，他要回老家了，臨走時他問我：「北京有什麼好，你留在這兒一輩子都買不起房，你在這兒到底是為了什麼？」他的那句話彷彿在問我，又彷彿在問自己，我看見他紅著眼眶，進站的時候，背對著我，舉起一隻手揮手示意，代表再見。

這些場景都是在我記憶裡發生過的，我寫的時候會用最平實的描寫去還原，不用花俏的技巧，不用刻意描寫，只要場景足夠飽滿，讀者就會記得住。

除此之外，共鳴、共感是我常用的。這個詞最早我是從心理學小組裡聽來的，其實翻譯成大白話就是：你的感受我懂。

一個寫作者，首先應該是一個分享者。把自己包裹嚴實地躲在幕後的寫作者，或

許會是一個很好的導師，但未必會引人共情。

這就像我們看小說會流淚，但是看一些工具書並不會掉眼淚一樣。每個寫作者都不知道自己的讀者曾經遭遇過什麼，所以最容易接近讀者的辦法，就是先寫出自己的經歷。讀者看到你曾經和他經歷過類似的事情，當然會自動對號入座。

有句話說，看別人的故事，流自己的眼淚。其實，就是這麼一回事。

那是不是分享什麼都能引發共鳴呢？我覺得這是需要技巧的。

尋找人性共通的地方，才具有撼動力。傷心、孤獨、失戀、悲痛，職場上被人欺負，面對壓力不知所措，第一次做錯事害怕承擔，第一次拿到年終獎金淚流滿面，第一次被辭退還要假裝堅強……人性裡最能引起共鳴的情感都是軟弱的。

愛賣弄花俏技巧的人會利用這些內容刻意煽情，覺得只要讓人想掉淚，就贏了。

但對我而言，讓人哭不是目的。如果我只是分享過去的心酸給他人，其實並沒有什麼意義。每個人都有自己的故事，如果要聊一路走來的不容易，每個人都能說個十天十夜。但這樣的故事，並沒有力量。

分享的意義是給他人傳遞資訊，傳遞什麼資訊？傳遞自己當年在艱苦的日子裡如何挺過來，傳遞自己在關鍵時刻的不放棄，傳遞在所有人不理解你的時候擁抱自己的那份心疼，對我來說，我要傳遞的是一種力量，一種向上的力量，而不是負面的情緒。

以前，我一直很介意別人叫我雞湯作者，因為我總認為自己寫的和他們寫的不一樣。現在我不再去反駁了，因為我覺得，讀過的人會懂的。

所謂的勵志也好，正能量也罷，不是手扠腰喊口號就行。在日常生活裡，在被命運壓倒後，還能掙扎著爬起來，找回勇敢向上的自己，這才是真的勵志。

我不是什麼名人大家，但我想做那個曾經被生活打垮，然後站起來笑給你看的人。

我樂意做那個開口談失敗的人

在出書之前，我的人生談不上一團糟，但確實沒有太多的自信，也談不上很快樂。出梳之前我正處在職場的瓶頸期，人生和職涯都沒有太多規劃，甚至一度連自己都不知道除了工作之外，人生還能有什麼重心。

出書之後，我體會到了人生的「微循環」，那就是必然有起、有落的循環。

我對「微循環」的解釋是，遇到機會後的出發，接著崛起，崛起後開始爬得緩慢，到達制高點時，終於體會了欣喜和自信，但之後又會感受逐漸下落的自己，最後，趨於平和，回到原點。

就像一個小小的拋物線，很多事情都會走入這個規律。

但是看到規律容易，體會規律卻猶如一場修行。

出書對我來說是一場意外，我在遭遇這場意外之後，和所有的普通人一樣不可避免地遇到了這個規律。可能今天我和你聊到過去的時候，聽起來有種過來人的平和；但當時處在那個風暴中心的我，也不免不迷失方向，走過錯路，甚至感到懊悔。

至今我已經出了三本書，出書對我而言的最大收穫是有了一批喜歡我的讀者。

對比更多的專職作家，我的故事寫得還不夠好，文筆也談不上特出，甚至很多時候會讓讀者覺得，這文字親切得自己都能寫。所以我自己也不太知道，讀者們喜歡我什麼。

從出版第一本書開始，我就開通了一個讀者群。但我並不是一個很稱職的管理員，大部分時間，群裡都會保持安靜，我也只是偶爾在裡面發言。對我來說，讀者是一種浮動的幻想，就是……我明明很把他們當一回事，又不敢太把他們當一回事。很當一回事，是因為他們那些虛擬的ID背後都是活生生的人，他們或許是因為某一個瞬間喜歡我、被感動，加入了這個群，可是之後可能覺得無聊，覺得沉悶，或是受不了漫長的等待而離開。不敢太當一回事，是因為我很怕有人離開，或者有人對我表示失望，那其實讓我很傷心。

我也曾經是一名網路電臺愛好者，曾經還是一名主播，做電臺節目十二年了，見過很多喜歡我的人來來去去。所以，我始終有點悲觀地認為：喜歡這件事，其實很短暫，人們喜歡的或許只是一時的你。日後或許因為我的一通留言，一張照片，甚至是一句語音問候，讓對方覺得不符想像，就棄我而去。我會患得患失，內心深處會覺得自己不配被更多人喜歡，我對感情比較悲觀，也覺得所有熱烈的情感，在濃烈散盡的那天，會更悲傷。我知道我是自卑的，在內心很深很深的地方。

然而，出書、做電臺節目讓我知道有人喜歡我、支持我，無形中也產生一股壓力，逼著我去規劃、去思考未來。

例如前幾天我在讀者群裡發了一通留言，有讀者看到我上線，就問新書出版的情況，自然避免不了要回答一個問題：下本書你要寫什麼？

作為一個草根作者，我其實很不稱職，很多時候都是想寫什麼就寫什麼，加上近幾年人們的閱讀習慣從長文逐漸變成了短文，所以我這種沒事寫個一兩篇的人，才有機會走到了台前。

曾經在出版社做過三年編輯的我，知道寫一本十幾萬字的書其實很困難，因此我從未想過有一天自己能閉關一個月就寫成一本書。

我懂得一些寫書的技巧和規則，這些東西你去指導作者或許可以，應用在自己身上的時候，多少有些當局者迷的感覺。

如果你讓我勉強為自己之前的三本書做總結的話，第一本《扛得住，世界就是你的》，是我十年職場生涯的一個小結，包括了我人生最重要的轉折階段的心情和體會；第二本《替這個殘酷世界給你的一記溫柔耳光》是一本回信集，我從眾多讀者來信裡挑選出即將畢業的同學要面臨的問題，包括畢業一～三年的人要面對的心態調整，以及進入職場五年左右、面臨瓶頸期的困惑，還有我對戀愛問題的一點看法；第三本《努力，才配有未來》，這本寫大學畢業後我的個人選擇、心路歷程，怎麼平復焦慮、壓力，甚至我曾經選錯了什麼路，領悟了什麼，以及怎麼進行自我總結的。

書寫得越多，自然越難寫，因為意味著主題需要更細分，還要給讀者不一樣的新東西，每每想起這些我就覺得無比煩躁。不過好在這次我的確是有準備的，所以面對那個讀者的提問，我很坦然地回答說：「這本書我想寫寫我出書之後人生發生的改變，以及停擺一年期間我的一些思考。」聽起來是不是像一個官方答案？呵呵，這些都是被逼的呀！

出書帶給我的還有面對負面情緒時如何自我平復。

我不知道別的作者出書後有什麼體會，我會很開心自己寫的東西能幫到別人，希望被他人需要和認可，會很享受被喜歡自己的人包圍的人。也正是因為這樣，才對吐槽我、對我不滿意的聲音格外敏感，雖然以前做電臺的時候也經歷過，但是被八千個人喜歡和被八萬個人喜歡，你所遭遇的喜歡以及被指責的頻率，都是不一樣的。

我在第一本書上市的時候很焦慮，那時候幾乎每天在看網頁上的評論。我甚至因為有位網友連書都沒看就給我打了一顆星，非常火大地跑去問對方原因。對方把我封鎖無法留言，卻在另外一個網友的頁面下被我找到，吵得沒完沒了。當我終於知道他過去和我有過節，其實是討厭我本人，所以不論我出什麼書他都可能會打一顆星，反而釋然了不少。

對我來說，電臺是一個比較小的圈子，這裡遇到的可能都是同樣的愛好者，喜歡你的人會偏多；書，是更大一點的圈子，不論對方透過什麼管道買到了這本書，他都有權利表達他的喜歡或者不喜歡，而作者能做的，或許只能是接受。

這個道理雖然看似很淺顯，但是經歷過程的時候其實很痛苦。

大部分人或許都和我一樣，總覺得自己這輩子就只能出一本書。我寫了大半年，很辛苦，你憑什麼看都不看就說不喜歡？讀者帶來的這些影響或許還只是一部分，出書還需要轉換角色，去適應市場、編輯、出版社的要求，當這本書寫完之後，它的很多因素其實作者未必能決定得了。

這也是我出了三本書之後，才慢慢體會到的。

一本書賣得好，是整個出版線上所有人一起努力的結果，雖然最後或許這個榮譽只有作者享受到。但凡事你都不可能只獨享它好的一面，而拒絕它帶來的麻煩和問題。對我這樣的普通人來說，出書這件事就好像一枚炸彈，它一瞬間就讓我的生活亂了套，不論是面對眾多讚美的飄飄然，還是面對不滿和指責的心灰意冷，它都強迫我要更寬容，或者更淡然地看待網路裡的聲音。

此外，就是要承擔他人的期待，從而好好去規劃和思考自己的目標，也需要好好反思和總結自己的優點和弱點。我也曾經在「做自己」還是「做他人希望的自己」當中猶疑、徘徊過。

名利也好，讚美也罷，都很容易催生一個人的自信，而自信過了頭，就容易變成自大和盲目。你會覺得自己無所不能，從而錯判時機，也可能會在被市場打了幾個無情的耳光之後，開始反思，自己到底錯在什麼地方。

我在出版第二本回信集的時候，因為第一本的迴響很好，所以變得異常堅持，甚至是盲目自信。儘管很多出版社前輩都勸我，一問一答的回信方式很少有賣得好的，但我一意孤行，最後導致這本書只是草草了事。

時至今日，雖然我回想起來不曾後悔，卻覺得當年和編輯的溝通方式並不理想，那是自己獲得一點點名氣之後的自我膨脹導致的。事實證明，在被打臉後才算是清醒了一點兒。

出了三本書，對我來說是經歷了一段悲喜交集的人生，就像一個不諳世事的窮小子買彩券中了五百萬，他一開始是狂喜，之後是炫耀，在遇到親戚、朋友紛紛來借錢之後，又陷入了苦惱和懊悔。他於是又試水溫投資，誤以為好運氣會一直在，直到失敗後才明白，原來好運只有一次，所有的投資和技術都要從頭學起……

如今的我，就像那個窮小子，經歷過很多事情後，心態慢慢趨於平和。這本書對我來說，是一段人生的縮影和總結。我們總愛說，在機會未來之前，要時刻準備著。可是沒有一本書告訴我們，機會一旦來了，我們拼命抓住然後一路狂奔，再往後呢？

成功的人，都會被人當作學習的榜樣，但好像沒有人告訴我們，他們曾在什麼地方失敗過。我樂意做那個開口談失敗的人，雖然回望過去，我也會因為那些不堪而感到害羞，甚至不想提起，但如果這些失敗的經歷可以讓那些得到機會、抓住機會的人，繞開一些坑或者彎路，或許就是它該有的價值和意義。

出書，才沒你想得那麼簡單

你想過要出一本書嗎？

坦白說，我沒想過。

我來到北京之後的第二份工作就是在出版社做編輯，最初是負責一本英文雜誌的改版。因為看不太懂內容，所以我只是調整封面、封底，以及基本的版式。

做了一段時間英文雜誌改版工作之後，我就開始做圖書企劃工作。那時候青春小說正流行，所以各大出版社都希望搭這個順風車。

不論什麼行業都一樣，只要這個行業有一個產品做好了，模仿者一定蜂擁而至，因為大家都想分一杯羹。

我在出版社差不多待了兩年，後來還去圖書公司做了一年，前前後後我經手出版的書也有幾十本。當時我其實對出版市場挺心寒的，總覺得沒什麼人讀書，一些書也根本沒有出版的必要，在我自己成了作者後，這個念頭仍然根深蒂固。

出書很辛苦，寫書也不賺錢，有很長一段時間我都這麼認為。

一轉眼，十年過去了，如今可以看到一批八年級作者、一批暢銷書作家，動輒銷量百萬冊，甚至還出了一個作家富豪排行榜……可能是市場變了，也可能是人變了，人們出書的管道似乎也越來越多，有了網站，有了自媒體，有了內容積累，好像誰都可以出一本書。也有人跑來問我，要怎樣才能出一本書？

我的建議是，如果你是玩票性質的，想跑到這個行業露個頭，滿足一下自己的心願，那其實挺難的。因為大部分抱著這種想法的人，在那之前其實都沒有好好經營過自己，所以對他們來說，出書更多的是自我總結和紀念，這樣的人如果不是名人，書賣好的機率不大。

雖然現在是一個互聯網的時代，然而自媒體逐漸飽和、內容氾濫，但要積累優質的內容，為自己打好前期的基礎，有運氣的成分，也與個人的準備和經營有關。

我最開始是在豆瓣上寫作，這不是我刻意選的一個平臺，只是因為用起來比較順手就留在這。出書之前，我已經在豆瓣上寫了七年的愛情故事，做了七年的網路電臺節目。直到二〇一三年十一月，我把之前在豆瓣上寫的一篇〈如果你是我的下屬〉，貼在一個名為「找工作」的話題頁裡，一切才發生了天翻地覆的變化。

那篇文章本來是我打算給新入職的下屬的培訓內容，是在半夜睡不著時寫在手機記事本上的。那篇文章內容雖然只有列出短短十幾條，卻沒想到收到了七百多個回覆，兩千多個推薦，七千多個喜歡。其實，這篇文章我四月份就發過豆瓣日記，只是當時閱讀和回覆都不多。可見，很多機會都是隨機的，而遇到機會後要如何把握，才更需要經營和思考。

後來豆瓣的編輯私訊我，希望我可以多寫一些職場類的內容，發表在這個頁面上，他會幫我做推薦。隨後，開始陸續有網友寄信給我，談他們遇到的職場困難。於是我一邊寫職場故事，一邊回答網友的來信。大概兩三個月之後，有出版社編輯找到我，問我要不要出書。

如果你有出書的想法，那麼找到一個平臺，進行有主題性的輸出是必要的。雖然現在很多人都在做自媒體，但我還是建議，想出書的朋友把自己的內容發佈在一些能和讀者產生互動的網站上。因為這樣會有更多的陌生網友看到，陌生人提的意見，編輯看中後幫你做的擴散和推薦，會迅速給予你一些自信和持續堅持下去的動力。

不過，輸出的主題性和多樣性其實是很微妙的一件事。

當你積累了一定的寫作時間，按照一個大主題進行持續輸出之後，或許會有編輯找你，希望幫助你出版書。這個機會的出現只是印證了你目前的方式是對的，現在的市場環境支持你目前所在的這個領域的崛起。

接下來，你就會迎來關於出書的第一個難題，選擇。

關於「選擇」這件事，一般有兩個階段，一個是自我抉擇，另一個是未來選擇。什麼叫自我抉擇呢？就是現在機會來到你面前了，你要不要出書？

很多人雖然內心裡有過出書的想法，可真的面對機會，又會生出很多的疑惑和問題，比如，這個合約會不會有什麼問題？這樣簽下去我會不會被坑？我能在合約規定的時間內寫完嗎？出版社給的版稅是合理的嗎？

做事最忌諱的是一邊擔憂一邊做，這樣既不能全力以赴，又容易患得患失。所謂選擇，不是五十比五十的機會，就是百分之百的唯一。因為你選了這個，就等於放棄了其他的任何可能。

很多人怕因為選擇而失去，甚至很多人因此而焦慮，就去詢問很多前輩，希望找到一個不會錯的，或者勝算機會最大的選擇。

每次有新人作者來問我簽約的事情，我會先問：「除了這家，你還有別的可以選嗎？你覺得版稅低，那麼找到你的這幾家是不是都是這個比例？」

很多時候對於新人來說，沒有太多的選擇餘地，你能決定的只是：出版，或者不出版。找你的編輯開出的條件都差不多，編輯的水準也差不多。所以，與其擔心是選A還是選B，怎麼爭取到多一點版稅，不如先問問自己，我打算出書嗎？我出書的目的是什麼？想清楚這個，才能回到出書的基本原點。

大部分人的第一本書都只是一個起點，就好像我們選的大學和科系一樣，它或許有一點影響力，但從整個人生來看，並不是那麼絕對。如果你能頭頭是道地告訴編輯，你有多少粉絲，你的社群媒體相關數據，你推薦的課程和產品銷售狀況如何，你自己還有哪些加分項目是有助於賣書的，這些才可能是你去談增加版稅的資本。

如果你還沒到這一步，那麼老老實實把寫書當作一個最基本的起點就好。至於以上的那些總結，你第一次可以不會，但遲早要學會。

而如果你發現你遇到的都是業內沒什麼名氣的公司，找你的全是剛入行的編輯，那其實表示目前你在這個領域的市場上就是一個沒有太多競爭力和影響力的新人，你遇到的所有狀況也代表著外界對你的看法。

資深編輯和大出版社還看不到你有多好，這就是你現在所處的位置。

你想改變外界對你的看法，就拿成績說話，而成績，就是你現在要寫的這本書。

如果你寫完一本書之後，有很多出版社來找你，這說明市場對你的價值有所認可。這種時候才最容易迷茫。選大公司還是小公司？要怎麼判斷編輯拿出的想法是對的方向？有的公司出的價格高，但是公司規模小；有的公司出的價格低，但是公司名氣大，我到底該怎麼辦？

第一本書上市之後，我陸續接到了三十一個出版邀約，其中十多家我都見面交流過。

對於我這種選擇困難症患者來說，超過三個備選我就會陷入焦慮。與此同時，還有更多新的疑惑：下一本書我要寫什麼內容？我還有哪些內容可寫？我真的能成為一名作家嗎？經歷了這些之後，你問我怎麼選，我只能說，各有利弊。

在你沒有選擇權的時候，找你的大部分都是小公司，或者是你聽說的比較厲害的公司裡的新人編輯。他們都有一個特點，就是有熱情，但沒有太多的資金。這個資金不僅僅是付給你的版稅比較低，還可能包括封面設計費用也比較低，因此封面可能不盡人意；發行能力也有限，因此你未必會在很多書店看見自己的書；行銷費用也比較有限，所以你期待的新書分享會什麼的，往往是前期說得很興奮，但後期不了了之。

新人作者能做的就是配合編輯的熱情，燃燒自己，儘量讓自己的第一本書成績好一些，因為只有這樣你才會得到第二個甚至第三個機會。當然，前提是你真的決定要成為一個作者。那些出了書就完全不管，不想出力或者不想配合宣傳的作者，其實都不太負責任。

出書，就是彼此的一次合作，雙方都傾盡全力，才有可能獲得一定的成績，單純依賴任何一方都太過辛苦。

小公司還有一個弊端就是：版稅後續結算的問題，以及合約裡可能會有被黑箱掉的部分。在我看來，這或許就是新人作者要付出的代價，我也曾經抱怨過一些出版方不按照合約執行，版稅不催個三五次從來都不主動結算。合約裡做手腳，後續結算鑽漏洞，也是小公司常見的弊端。我也為其他作者看過合約，列出過裡面埋藏的雷點和不平等條款。但還是那句話，在你還很弱的時候，很多事其實都沒有太多的發言權，而且防不勝防。

大公司的好處是正規化，宣傳和發行能力較強，但在版稅結算上也可能會有拖延的情況。大公司因為財力雄厚，所以合作的作者也多，如此一來，自然十分挑剔，一般不把新人作者當回事。換個說法，你和小公司合作，它們會把你當鑽石看，但是大公司可能根本就不稀罕你，反正它們有的是作者。

我曾被某家出版機構的工作人員問過：「去書展做活動？你覺得你的粉絲能來多少人？我們要準備多少本書？」我說：「我不知道，可能一百人？」對方立刻擺出一副瞧不起的樣子說：「你不知道上次某某在這裡做活動，簽名就簽了七百多本，你怎麼才一百人？你可別現場只賣個二十多本出去，那真的是白忙一場。」

我沒回話，因為我也不知道到底會來多少人。

在一個小地方，當你有點成績會獲得許多恭維；等你到一個大的地方才會發現，原來自己什麼都不是，當初積累的一點自信，也會蕩然無存。

要建立自信，談何容易。

這就好像一個一直等著升級的遊戲人物，有一天突然間撿到了一個裝備，終於可以升級了，接著興奮地加入了一個組織之後才被告知：恭喜你，你現在是本組織裡級別最低的那個。

這其實就是競爭和對比，而這兩點，也一直都存在於這個殘酷的世界裡。

不論前期你經歷了什麼，最終還是取決於——你寫什麼。

我一直使用試算表列出框架的方式寫書，用三個月的時間讓自己沉浸，打好腹稿，反覆修改框架結構；嘗試每章都先寫一兩篇文章，放在互動性高的平臺上去看看網友的反應；再用一兩個月的時間去集中寫作，每天給自己規定一定量的寫作任務，強迫自己必須完成。

當書稿如期寫完之後，恭喜你，你才走完了第二步。出書是一個曲折的過程，甚至很多過程都不能以作者的意志為主，尤其是當我還只是一個新人的時候。你的責任編輯很辛苦，他既是你的夥伴，也可能是你的敵人。雖然編輯有修改的權利，但很多時候的決定權不是來自編輯，可能來自編輯的主管或者合作方的老闆。

從書名到標題，從封面設計到內文排版，不同的人對這個題材會有不同的理解方式。作者這時候可能得在一定程度上放棄自己的主觀意識，試著去聽取他人的意見，甚至有時候不得不折衷自己的要求。

我曾聽過有的作者要求編輯保持自己的作品原汁原味，不可以大幅修改。我自己也曾經有過這樣的糾結，甚至在出版第一本書的時候，編輯應主管的要求把文章的題目都改成了勵志型金句，讓我非常生氣，記不清有多少次我們兩個吵得不可開交，甚至有許多次我都氣到脫口而出：「如果不能按照原樣出，我寧可不出，毀約賠錢我都認了！」

出書，和你從事的任何一門工作一樣，都需要面臨與人合作，信人用人，依賴夥伴，又要表達自我。如何溝通，如何達成一致，這和我們在工作裡遇到的難題，本質上是一模一樣的。每一本書都一定是集體的決策和彼此讓步的結果，它可能帶著很多遺憾，但，接受遺憾和不完美，才有可能得到最好的結果。

出一本書，就和做一份工作，或者經歷一次人生一樣。哪有那麼簡單！

經歷選擇、付出、溝通、妥協之後，迎來一個結果，然後你還需要拿著這個結果，開始提升自己和總結自己，讓結果擴大化；開始學著規劃自己，讓結果呈現系列化；在跌跌撞撞裡總結規律，讓自己的路走得更長。

出第一本書那一年，我35歲。

在職場上是個老人，但在出版圈和作者圈，我還是個新人。

書上市後，我和責編做了一個小約定，如果三個月賣掉三萬本，我就請參與過這本書出版的所有人吃飯。

那其實不是玩笑，那是我在內心對自己設定的一個探測器。我對自己一直沒信心，我需要設定一個值，讓自己相信「我可以」。也就是從那時候開始，我害怕了。

後來，書賣得比我想像的要好很多，但我的怕並沒有減少。

當時勵志類的書大賣了，市面上緊接著出了三十多本同類型的書。我很擔心這個市場會爛掉，以後大家會不會見到就反胃？

其實我也不知道自己能寫多久，或者這個所謂的名氣能到什麼程度。我明明還在回信裡批評那些剛畢業正迷惘的一群，但在當作者這條路上，我也一樣很迷惘。

以前我總喜歡說順其自然，但後來發現，沒有規劃就會缺乏動力。

任何事情都會先甜後苦，最初的那種興奮和激動其實很難維持，支持你堅持走下去的，一定是你規劃的目標。往近一點說，是階段性目標；往遠一點說，是理想和願景。不論是在職場，還是出書，此理皆同。

很多事，你的剛開始，或許都是源於意外，而你能否堅持去做，一定是源於你是否想清楚了，是否明確了方向。有時候，你想做的事情和你能做的事情或許不是一件事，就好像曾經你喜歡的人，和最後與你結婚的人，未必是同一人一樣。

我們或許都會經歷叛逆、迷茫、放任之後再回歸；我們或許也都疑惑過：為什麼事情來得那麼突然，就不能等我做好準備再來？可最後，你只能用「一切都是最好的

安排」來説服自己。

因為，總會有人能夠積極地應對變化，重新讓生活風生水起；自然也有如我一樣的蠢人，自己和自己糾結了半天，才跌跌撞撞找到了出路。

人生，哪會給你時間準備？

機會是偶然，你的努力與堅持卻是必然

雖然我已經寫了三本書，但當我去回憶的時候，或許只能說：我只是獲得了一個好一點的機會。

我能有機會出書，要謝謝那些開創了短篇寫作出版趨勢的作者，沒有這些前輩帶動出版趨勢，我們這些草根作者其實是很難出道的。加上我是一個容易悲觀的人，所以很多時候我都覺得，不成功是常態，成功是奇蹟。而現在依舊有很多想出書的朋友問我，到底怎樣才能出書？是選擇重要，還是努力重要？

其實，我想說句不太勵志的話：可能許多年後你終於明白了如何訂定目標，懂得大目標和小目標之間的關係，你回頭一看，或許會覺得過去傻傻努力的自己很可笑，在錯誤的方向努力再多有什麼用呢？但我覺得，在你還不知道目標為何物，甚至都不懂怎麼去訂定目標之前，努力是你唯一能做的。

那些說著迷茫、困惑，甚至不知道明天在哪兒的年輕人，只能做好眼下能做的，而努力，在這個當下，是唯一能做的事。

我自己也會偶爾犯這種傻。回望自己寫作的過程，覺得自己在豆瓣寫了七年的情感故事，真蠢。如果早早寫職場，是不是早就紅了？但，人生哪有那麼多的如果，當你把所有的如果都只想到好的一面時，那就是在做白日夢了。

反過來想想，如果提早寫了職場主題，那時候我自己的職場積累都不夠，寫的內容也一定會平淡無奇。而且那時候大家對職場的關注度沒那麼高，內心對情感故事的需求還很迫切。所以，是讀者在讀夠了戀愛故事之後，那些原本讀戀愛故事的人們長大了，要工作了，或者工作了一段時間之後，覺得需要一點職場經驗了，而我剛好在這個時候出現了。那時候豆瓣又剛好重視這一類的專欄，因此也給了我特別曝光的機會。我那時候又剛好創作欲旺盛，於是才有了一篇接一篇的職場故事，也才有了後來的出書計畫。

想想這些偶然，如果缺少了哪個，我好像都不會出頭。

機會，是隨機的，是偶然發生的。

作為普通人來說，能做什麼？難道只能等著嗎？

有一些書會告訴你，在等待的時候要提升自己，要變成更好的自己，要足夠努力……我沒那麼多大道理，因為我也不知道下一個浪頭在哪，沒辦法告訴你為了能搭上下一個浪頭，要提前學好什麼樣的技能。

過了40歲之後我才明白，那些為了緩解焦慮去學的技能，最後只是用來平復我害怕和焦慮的心。就像你因為焦慮而讀的書、買下的線上課程一樣，你學完之後未必會有自信，可能你學得越多，越焦慮。

你為了迎接下一個浪頭的來臨，去學了游泳、學了跑步，結果下一個關卡其實要求的是現場主持的本事。我不敢說這樣的你做錯了，但有一點我希望提醒你：在你頻繁更換興趣、嗜好，希望和浪頭接近的時候；在你開口閉口就是提前佈局、超前佈署的時候，先回想一下自己出發的原點吧！問問自己，如果機會沒來，或者你學的這個東西和浪頭根本沒關係的時候，你還愛這個東西嗎？

學習，可以有目的性，但最好不要有投機性。因為投機，拼的是以小博大。一旦獲得不了「大」的結果，人們就會迅速放棄「小」的投入。很多小的成功和努力能被人看到，往往是源於最開始的愛好。就像我愛好寫作和做電臺，在出書之前就是這樣，而且長時間投入於此。

剛開始，我其實沒有那麼多定位和規劃，沒那麼多千奇百怪的想法。我當時最渴望的是：如果能有一千個人看到我的文章就好了；如果我的豆瓣關注人數能過一萬就好了；如果我可憐的微博粉絲數能從三千來到十萬，那就算紅了吧？

那時候的想法多簡單，能被人看見就好了。

而能被人看見的方式，或許每個人都不同，有的人擅長攝影，有的人擅長寫文章，有的人擅長拍片。保留你對這份「愛好」的熱情，持續去做就好。而在出名之前，其實很多普通人要的僅僅是支持。有人路過點個讚，有人留個言，甚至有人對你說「真棒」，這些就是了不起的支持。所有的愛好，在最開始被人看到，被人肯定之後，是幸福感最大的時候。

之後可能有的人會變得自我膨脹，有的人會陷入患得患失。而我，兩者都有。

當我第一篇文章被人轉發，點閱數破萬的時候，我從興奮到冷靜，很擔心自己再也寫不出這樣的文章。然後就繼續寫下去。文章留言很多，回饋也很多。我吃飯的時候想著寫文章，睡覺之前想著寫文章，甚至看個電視劇也在想，這個可不可以寫個職場版的？這個題目這樣寫會更好玩嗎？反正那時候自己也不紅，沒什麼包袱，更談不上什麼風格，那就從抒情的風格換成幽默的風格試試，看看大家反應怎麼樣。

於是我寫過《甄嬛傳》的職場版，寫過《我是歌手》的職場版，甚至還把我和健身教練的溝通寫成了職場心得。

這些寫作的出發點，只是因為喜歡。

在微信公眾號還沒開始流行的時候，我的心態一直都挺穩定的。豆瓣的閱讀數字只有作者可以看見，讀者只能看到這篇文章的讚數和留言。

我偷偷竊喜，更像是自嗨，在筆記本上開心寫著：這篇文章有四萬人讀過了，四萬！哪怕沒人知道他們是怎麼連到這裡的，我也沒勇氣細想，這些人到底是因為我的文章好而來，還是因為網站的推薦而來。那又有什麼關係呢？四萬，一個做夢都不曾想過的數字……

開心做著自己喜歡的事，這比什麼都重要。

成名，是非常偶然的一件事。

在沒有成名時，把你擅長的事情變成愛好，用心去琢磨，用心去愛，善待每一個留言的人和隨手點讚的人。因為這種感動，或許日後不會再有了。

【第五章】

再學習：你的人生，有多少種可能

你是否想財務自由、人脈自由、學習自由、創業自由？求學、變現、轉型、創業，這些我都一一嘗試過了，有成功，有失敗。我將它們匯總成一份小小的總結，送給你。

再學習，不僅僅是為自己鍍金

我在37歲那年做了兩個十分重要的決定：

一、我計畫用半年時間去做五十個一對一的職場諮詢；

二、我想去讀書。不是為了混文憑或是擴展人脈，而是希望能夠系統化地梳理一下自己所學到的東西，做進一步的提升。

系統化是我寫完三本書之後萌生出的一個念頭。當今是一個資訊碎片化的時代，太多資訊都是零碎且重複的，我們每天都在被動地接收大量的資訊，光是分類、拆解它們就已經很困難了，何談吸收。

現在人們常說社會浮躁，每個人的專注力都下降了。這是因為他們自身的系統被打亂，失去了界線和核心，才會變得漫無目的，特別容易被聳動的標題所吸引，最終落入淺薄的資訊洪流裡。

由此可見，搭建一個屬於自己的知識系統十分重要，至少你能夠知道哪些是你想要的，哪些是你不需要的，這樣你就不會成為貪吃的資訊蒐集者。而不管你有沒有先加入書籤，事實是，你根本不會去看，因為還會有更多更新的東西去刺激你收藏和下載。而收藏和下載的目的，本來就是讓你閱讀和消化，不是嗎？

所以，系統化是必要的，讓自己擁有篩選的核心，便於梳理自己已有的資訊，進一步明確自己的未知和不足之處。

當有了學習的意願，我會逐步分解學習計畫。

我喜歡做事情有自己的時間安排和計畫：什麼時間做，什麼預算合適，有什麼期望，實際會有什麼效果。這四個「什麼」是我做事的靶心。我也建議你將這四個「什麼」用在你所希望去做的計畫上，讓自己學會分拆任務，學會做「下一步」。

我按照這個計畫存了些錢，並做了實地考察，明確了其中的利弊和自己所能承受的範圍，最終我決定去香港大學專業進修學院（HKU SPACE）學習。在近半年的學習時間裡，我有兩個重要的獲得。

一、獨立思考與終身學習

想做任何事都免不了會有一個端正態度的過程。香港大學專業進修學院給我的第一堂課就是獨立思考和終身學習。

獨立思考的能力是很多人都缺少的。不少人都覺得想太多會很累，想有什麼用，老闆又不聽我的，我又不是老闆。有想法和意見，才會有解決辦法和態度。連想法都沒有，你怎麼會進步呢？

此外，終身學習的觀念很觸動我，人總會有惰性和排斥心理。但「學習」是一個緩慢積累的過程，它和寫書一樣需要漫長的積累才會有產出。**而「終身」是一個時間長度，當你拿一輩子的時間去衡量的時候，很多事情都會變得不一樣。**

在我寫完第三本書之後，有很長一段時間我都戰戰兢兢、如履薄冰，直到有一天我問自己為什麼會害怕的時候，我才突然意識到：原來我一直都害怕自己來不及，我怕在我名氣下降之前來不及出到第十本書。

我的夢想是寫十本書，而當我寫第一本書的時候，我就不斷地對自己說：「你遲早會過氣，你遲早會被大家遺忘，所以趕快寫，趁著沒過氣，趕快寫……」可當我把寫書這件事放在一生的時間裡去看時，我才發現，其實沒有什麼是來不及的。

你越擔心什麼，就越容易失去什麼。你會因為害怕而失去了準則，變得更加迎合讀者的口味或市場的需求。越迎合，就越容易過氣。因此，我空出一整年的時間，用來調整自己的節奏，放低自己的得失心。人總要學會把自己的運氣變成現實，沒人能一輩子靠運氣過日子。既然自己希望把寫作當成一生的事業，那麼讓自己走得更穩更慢一些也沒什麼不好。

獨立思考和終身學習，是香港大學專業進修學院給我上的第一堂課。

二、團隊永遠都是你照見自己的鏡子

在我的「新學校」裡，開學典禮除了開闊視野的院長致詞之外，迎接我們的還有殘酷的小組挑戰賽。香港大學專業進修學院喜歡把學員分散，安排不同地域、不同專業的學員組隊練習。我們的練習五花八門，也難為那些老師絞盡腦汁想出那麼多奇葩的題目。

例如，組成小隊後，拿到香港大學專業進修學院校內地圖，並按照任務卡上的提示迅速找到對應地點拍照打卡，如果你夠幸運，還有機會捕獲加分小精靈，也就是我們的專業導師。不知道這項任務是不是受到了遊戲Pokémon Go（精靈寶可夢GO）的啟發，根本是對體力和團隊執行力的綜合考驗，大家幾乎是一路飛奔、一路尖叫著捕獲導師。

既然有團隊，那麼就一定會有不同的角色，會有領導者、追隨者和反對者，也肯定會有懷疑、不合作、消極等情緒出現。參加學習的學員大都是企業高管，肯定有人當慣了領導者，討厭被人領導和決策；也肯定有人不適合從零開始思考，而成為團隊裡的觀察者；還會有因為內心不確定，所以時刻把自己的擔憂傳染給團隊成員的情緒消極派。

越是場面混亂，你越要問自己，你的目標是什麼？

如果你的目標是拿第一，那就要快速地找到自己在團體裡的角色。你要當領導者，還是當領導者的擁護者？

其實扮演什麼角色都沒關係，關鍵是大家的目標是否一致，你能否在第一時間找到你的盟友，之後確認出誰是情緒消極派或此次目標的抵抗者。為什麼一定會有反對者？因為每個人的目的和背景不同，有的人喜歡爭取勝利，有的人喜歡投機取巧，有的人喜歡無功無過，甚至還有人喜歡坐享其成。不同的心態會催生出不同的反應。

三次小組任務，兩輪團隊更換，我一直都在扮演主動、強勢的領導者角色，所以拿到任務之後我會迅速分工、決策，但這肯定會忽略其中一些人的想法。一個團隊中個人的想法太多，團隊就不好帶，一旦遇到抵抗、不合作或挑戰者，你也可以先問問對方：

> 你有更好的提議嗎？有，就聽你的；沒有，就聽大家的。

也許是前兩場團隊合作都拿了全院第一的緣故，我以為按照這個模式可以一路挺進拿下三連勝。結果萬萬沒想到，在完成第三次任務時我遇到了挑戰。一位一直覺得個人意願被壓抑的成員當場提出不合作，團隊任務卡關了。

坦白說，我當時幾乎快被氣昏了，假如是在現實職場當中，我會立刻讓對方走人，但當時我沒有這樣的權限，並且學院要求不能有組員掉隊，這讓討論陷入了分歧之中。

如果有人針對你，那不管你提出什麼對方都可能會反對，拒不執行是消極抵抗的最高級。在不能開除成員的情況下，我只能先不說話，退出決策者的位置，避開情緒的對立，然後再讓團隊裡的目標擁護者提出建議，找到折衷的辦法，從而讓目標得以執行。

這件事情給我最大的反思是：自認為有帶隊能力的人，往往容易陷入經驗的陷阱，自然就表現出「我很懂，大家跟我走就對了」的態度，忽視培養團隊裡的擁護力量；也可能會因為把控過於嚴格、不輕易授權，導致一旦出現反對者就只想徹底清除。

所以，領導更需要學會授權，以及向你的核心團隊示弱，這就是讓其他目標擁護者獲得成就感和信任感的關鍵。

任務結束後，我也反思過去在職場帶團隊的經歷，不由得倒吸一口氣。過去的我太過強勢且鋒利，像一把快刀，我帶頭衝在前面，砍掉所有的障礙，團隊跟著我一路前進。我很享受披荊斬棘的快感，卻忽略了我的隊友是否已經漸漸失去興趣，甚至日漸感到乏味。畢竟，誰樂意一直跟在別人屁股後面？誰不想發掘自己的潛力？

做一個開明的領導者，鼓勵下屬行動，關鍵時刻再出手，這不僅不影響你的鋒利，還可以讓你的整個團隊都變得鋒利而出色。

團隊合作，不是只要一個人領先、得分就可以。培養他人，才能給他人更多機會，讓他們能挖掘自己的潛能，那麼，這個團隊，一定精彩。

後來，當我們進行班級幹部選舉時，我因為「網紅作家」的身份，陰錯陽差被推選為班長。面對嶄新的身份和精英團隊，我要做的第一件事，就是先承認自己不行。我學著示弱，而這件事，我在職場中很少做，因為我害怕一旦自己示弱，大家就會真的以為我很弱，然後反問我：你這麼弱，怎麼領導我們？

現在我覺得，**每一個團隊都需要有一個共同的目標，每個成員都是因為這個目標**

而聚在一起，而非因為領導者。領導者只是目標的代言人，不是目標的全部。

作為一個領導者，要有良好的基礎和優良的心理素質，包括抗壓力以及對目標的忠誠度。因此，領導者很喜歡扮演強者的角色，但只有當你承認某些地方不行的時候，你的隊友才有機會幫你補足弱點，與你並肩作戰。所以，示弱不過是空出你旁邊的位置，讓給真正有能力的人。只有這樣，當團隊遇到困難時，大家才能一起面對，而不是一個人死撐。

讓自己閃亮，別怕這個閃亮

一轉眼，我從香港大學畢業已經快兩年了，40歲這一年，我又申請了企業教練與領導力培育專業（CCLD）。

很多同事不理解，覺得我是有錢沒處花；也有同事表示羨慕，覺得頂客族就好在負擔小，可以隨心所欲。但只有我自己知道，學習這件事對我來說是一輩子的。學完這個專業，下一個專業的方向我就已經找好了。

前幾天我翻出兩年前在香港大學求學時寫過的那篇文章，忽然很想說說那年畢業帶給我的衝擊。

我不知道大家怎麼看待「成年以後的學習」這件事。

每個週末我花兩天的時間去聽課，課後還要寫幾千字的報告，還得參加考試。有時我也不免會懷疑，自己幹嘛要花錢找罪受？在香港大學學習的這段時間，我的確有過各種逃走的想法，所以為了防止自己退縮，每次我都選擇坐在離老師最近的地方，儘量在老師提問的時候舉手搶答。成年人的學習，沒有家長逼迫，就更需要自己逼迫自己。

許多人可能在內心把「再學習」這件事看得很輕，覺得不過是隨便混混，主要還是為了認識一些業界精英。我在去香港大學讀書前就做過自我梳理，把結交人脈擺在第三。

那第一和第二目標是什麼？第一是想為自己的知識建立一個系統結構，找到更多可用的模型，提升自己的系統思考；第二是嘗試把所學的內容應用到工作中，至少做出一個可以具體執行的報告；第三才是認識一些在職場上對自己有幫助，或者有可能合作的人。

我是一個不善交際的人，但我當了班長，因為即使我不主動去認識別人，全班也至少會有一半以上的人會記住我。任何一個群體都會有慣性吸引，三觀相同的人才可能會走得更近。漸漸地，班級開始出現以小組為單位的小團體，同學們也逐漸分出積極派、中立派和消極派三類。我在這裡認識了很多好朋友，有可以在事業上合作的夥伴，有生活中經常聚會的好友，還有一些將來可能會一起創業的朋友。

我成功當上班長之後，就發動小組成員來競選班級幹部，於是我們那一組也就成了班級幹部組。

不知不覺畢業季臨近，我們要以小組為單位寫畢業論文、進行畢業答辯。我再次被推上了組長的位置。老師讓每個小組的組長呈報組員，我原以為經常同一組的這幾個人應該會自動分為一組，沒想到其中有兩人提出要去其他組，我有點詫異。後來打聽了一下才知道，原來是其中一個女生自己組建了一個小組，並且是從各組抽調她認為的「精兵」超強組合，直奔著目標A+！

提起那位女生我印象十分深刻，她看起來有些高冷，平時一副學霸的樣子，是班級裡最容易招人嫉妒的類型。她還曾和我一起競選班長，但落選了。後來，她被大家推選為學習委員，我沒想到此時她會跑來和我搶人，她是想報復我嗎？

雖然小組缺了兩個人，但即使這樣我們的人數也是足夠的。於是我連忙轉換話題，鼓勵大家，不讓士氣下降。於是，開心歡樂的第一組誕生了。

我一直相信學習要快樂，怎樣才能讓大家快樂呢？方法就是充分發揮每個人的長處，讓他們做自己擅長的事。每個小組裡都會有學得不好和不太努力的人，這點在哪裡都不例外。我們小組裡有一位同學遠在哈爾濱，還有一位身懷六甲還繼續加班的孕婦。香港大學的同學裡，不是公司高管，就是企業老闆，說忙碌，大家誰都不比誰差，所以這樣的一個「忙人集團」，想要開一次會可真不容易。

好在麻雀雖小五臟俱全，我們小組裡有個處女座的學霸妹子，平時的筆記累積得特別多，被果斷任命為副組長。她迅速制定了我們的會議時間表，第一次討論時，我們按照所學的內容，把報告細分，每個部分都找到相對應的應用模型。每一位組員各自主導某一部分的撰寫工作，我作為組長則負責最後的整合和串聯。

模型有了，計畫有了，剩下的就是實踐。報告需要以真實的企業為原型進行探訪，於是我們決定去哈爾濱，讓那位在外地的組員也有參與感，同時也可以借用她手頭的資源，做一個真實的案例分析。

我們在哈爾濱待了差不多一週，對某個乳製品企業進行深入考察，對企業的中階到高階管理者都做了深度訪談，並結合從香港大學學到的知識，對這些內容做了應用推演。我們經常開會到深夜，然後由東道主組員負責第二天催我們起床，帶我們去吃早餐。

其實，有時候回到學校裡最讓人懷念的不是老師和同學，也不是具體學到了什麼，而是大家一起朝著某件事情努力的過程。

之後的一切都很順利，各個板塊的內容一一拼成，報告漸漸有了雛形。我原本以為可以一直順利到畢業答辯那天，卻沒想到出現了意外。

報告分成文字版和PPT版，文字版是給老師看的詳細版，PPT版則是精華版。在有限的時間裡面，小組裡每個組員都要參與上台講解，而老師會針對每個人對報告的講解給出個人評分，個人評分直接影響到畢業成績。

我們團隊計劃讓表現最好的兩個人一起設計ＰＰＴ，為此我們還特地在郊區租了一間小別墅，大家一起住進去，打算閉關練習，計畫看似完美，誰也沒想到，這會是一場爭執的開始。

最早的爭執來自兩個ＰＰＴ做得比較好的搭檔，兩個人都很堅持己見，導致整體的進度落後不說，他們更是針對方案吵得不可開交。我聽完他們各自的理由後，覺得他們都有自己的道理：一個主張多圖，視覺效果佳；另一個主張多文字，因為老師可以看到我們具體學到的內容。

原本以為一天可以做完的簡報設計工作，最後兩個人在討論上就花費了大半天時間。天色快暗下來了，但是ＰＰＴ連個雛形都沒有，大家的臉色都變得不好看。

我悄悄把那位做設計的組員拉出去，一起在陽台抽了根菸，有時候話語不如香菸來得痛快。他懂我的意思，我也懂他的焦慮。我讓他在陽台待了一下，接著我回去和另一位繼續溝通，最後達成共識。用其中一位的配色方案，另一位的簡報整體設計，熬到了凌晨，終於把PPT的雛形完成。我們所有人又依據簡報重點和時間再次練習、調整。接下來，那位懷孕的組員來電告訴我們明天可以一起排練。大家都非常開心，但這時候，我們團隊裡面最積極陽光的組員卻情緒崩潰了。

一個班級裡總會有學得比較慢的同學，而這位組員就是一直默認自己是學渣，我也發現她對所學的模型應用得不熟練，開會時她也插不上話。為了讓她更有參與感，我讓她做我們的會務長，專門負責會議期間大家的飲食安排。而這個組員之所以情緒崩潰，是因為太害怕自己講不好，害怕被老師的提問卡住，害怕拖累大家。她越講越沒自信，幾乎要哭出來了。她一直都是我們團隊的開心果，可在這樣的壓力面前，她撐不住。

最後，我決定放棄自己原本要講解的內容，把簡報報裡最好玩、有趣的一部分內容分給她，並且幫她設計成小型表演的形式。

我知道她很喜歡表演，之前我就看過她的作品，就這樣，她的顧慮解決了，我把自己放在一個主持人串場的位置。說不擔心成績是假的，但機會只有這麼多，如果必須有一個人要選擇退讓，我希望那個人是我，因為這也是我作為一個組長的責任。

第二天，那位孕婦也來了，大家開始為自己的講解環節計時練習。全部彩排過三輪之後，每個人臉上都露出了滿意的笑容。大家留下了一張珍貴的照片。

畢業答辯當天，我們抽到第一個出場，全組人員都非常緊張，我在後臺拚命幫大家加油打氣。在預備上場之前，大家把手搭在一起，猶如球賽開始之前的加油儀式。在那個瞬間，產生了一股巨大的力量。我忽然覺得，什麼報告啊、分數啊，都變得不再重要了，重要的是我們這些來自各行各業的陌生人，因為學習和成長的目標，在這裡相遇，一起學習，一起做作業，一起去採訪考察，一起熬夜。我們打鬧過、爭吵過，也害怕過、迷失過，但最後我們還是把手心手背疊在一起了。

後來，我聽說那個「A+團隊」也是吵翻了。本以為超強組合可以創造出一加一大於二的效果，但是優秀的人太多，每個都想當頭，最後吵得不可開交。每個人都會在畢業報告上交出自己的答卷，而畢業這個命題，是香港大學給我們上的最後一課。它讓我們清楚地看到，你要什麼，你得到了什麼，你在這裡付出了什麼，以及團隊是什麼……

最後，「A+團隊」的簡報非常精彩，據說拿了A。

我們組只拿了B，但大家依舊開心。結業後，我們一起去了香港，很多同學都在香港大學的主題牆前拍照留念。那位早期脫隊的女組員看到我後，親切地打了招呼。我忍不住酸她：「怎麼，不挖我牆腳啦？」我們兩個人相互對視，哈哈大笑起來。

畢業了，從此以後，這些人、這些事都成了過往。原本親近的同學會再聯絡嗎？原本不太熟的同學會不會就此形同陌路？

我們小組的幾個同學至今都還會抽空相聚，也許幾年之後，大家已經記不起我們當初學過的理論和模型，但在香港大學的這最後一堂課——畢業，它教會我們的東西，足以讓我們受用終生。

當網紅，該堅持還是跟風

前不久，有一位當時在演講俱樂部認識的朋友對我說，過幾天她要辭職了，打算以後專門經營以整理收納為主的個人品牌。她參加過整理師的培訓，也做過到府服務，但因為一直有正職工作，所以根本無暇去經營個人品牌。最近因為工作上不順利，也覺得對這個職位還是有些不適應，索性辭職，為自己工作。

這幾年隨著乾貨文章的出現，大家是不是常會聽到「知識網紅」和「個人品牌」這兩個詞呢？那到底什麼樣的人才能成為知識網紅？而你又離做個人品牌多遠？也許這些很多人就不知道了。我一直都覺得自己不算是成功的知識網紅，但我好在是做品牌的，在品牌方面我還有一點心得。

二〇一八年，藉著知識IP的潮流，我做了一些事情，當然，更多的可能還是教訓。因此，我用反問的方式幫這位朋友梳理一下。

我問她：「假如你要做個人整理師這個品牌，你得考慮一下你和別人有什麼不同之處。因為做整理的人太多了，參加一期培訓班，畢業了都是整理師。所以，要找到自己的獨特性，並針對特定的人群去做課程升級，比如針對單身者、新手媽媽……

「當然，你還可以從個人風格上，或者容易操作這個地方下手，比如，一分鐘整理術，易怒整理師……如果沒有風格化的標籤和個性鮮明的產品特色，就很容易被同質化。在樹立核心產品時，要找到屬於自己的原則。至於接觸客戶的方式，可以千差萬別，可以是線上課程，也可以是一對一整理，甚至視訊教學。」

朋友聽完後受到非常多啟發，回覆說：「哇！川叔，你做了這麼多思考，看來你的個人品牌一定經營得很好。」這句話，害我差點噴出一口老血。正所謂，道理人人都知道，可是去做的時候，效果卻大有不同。我自己是一個臉皮特別薄、做事沒定性的人，所以，做了產品也不好意思拉著別人推廣，對於平臺深耕和深度合作這件事，我的確不太擅長。

在當今各大平臺快速更迭的時代，每個平臺都有有待改善的地方。因此，頻繁更換平臺，四處種蘿蔔，不是件好事。我曾經也犯了這個錯，被各種五花八門的平臺弄得暈頭轉向，看似每個平臺都有合作，實際沒有一個深耕，當然很難有理想的成績。

我總是急著輸出內容，以為能夠搶得先機，卻忘了，沒時間經營同樣也是硬傷。多平臺維護，是需要有團隊才能做到的。如果前期沒團隊，可以選擇一個溝通比較順暢的平臺，先磨合產品。把產品變成代表作，比什麼都重要。比較尷尬的是，我自己作為從實業出來的人，和現在這個滑世代的思考模式截然不同，比較討厭變化。

互聯網時代，昨天還熱門的東西，今天可能就過時了。很多人都說，網路讓人變得浮躁，那是因為人們有了更多的選擇。因為每天都有新的風潮出現，而對於做內容的人來說，應該堅持？還是跟風？這是很多人都有的疑問，再加上沒多久就會有一夜爆紅、致富的傳說，甚至曾經有一年，我每天打開朋友圈都能看到各種知識IP在炫富。譬如一夜之間某某賣出了一百萬的課程，誰誰已經月入百萬。

這種消息看多了，你說心能不煩躁嗎？

作為一個並不成功的知識網紅，我後面總結的更多是我的反思，希望這些反思可以給大家一點參考。

在這段並不成功的網紅經歷中，我發現了自己的很多弱點。比如，很容易被周圍的人影響，進而產生急功近利的想法；有時容易把目光集中在一些投機者身上，產生羨慕、嫉妒的情緒。

我既做不到像投機者那樣蹭熱度、蹭聲量，又嫉妒人家荷包飽飽，這完全是自尋煩惱。就好比你知道自己是一個長相普通而又拘謹的人，卻還是嫉妒那些長得漂亮、唱首歌就能收到很多禮物的直播主。

你要嘗試把目光放在和你類似的人身上，看看他們在做什麼，又堅持了多久，然後獲得了怎樣的成績。如果你能用分析的態度去觀察對方走紅的歷程，你或許會變得更好。

如果現在的你還是希望做一個憑藉分享知識，而成為知識網紅或者創建個人品牌的人，那麼我有幾點需要提醒你：

1. **在行動前，先把自己要做的和自己擅長做的事情，以及自己的個性結合起來。**如果這件事情不是你擅長的，逼迫自己去做，只會獲得短期的效果，很容易後繼乏力。

2. **要適時切換視角看待問題。**即使是同樣的熱點新聞，也要嘗試多幾個角度去解讀。個人品牌也是品牌，只要是品牌就要有差異性。別人怎麼說，你也怎麼說的內容，對觀眾來說，他們只會更加傾向於粉絲基數大的一方。

3. **在創建品牌的初期要嘗試主題化，最好是在某一個領域搶佔細分市場。**譬如，針對上文中做整理收納的那位朋友，可以先搶佔細分市場，例如單身族，為自己賺到第一個標籤。一般來說輸出內容都會有一個瓶頸期，當你寫到自己覺得主題已經有點匱乏之後，就把這些內容做一個倒推的表格，結合點閱數分析，看看是否可以找出新的規律。

4. **技巧很多，但不要一味沉迷於技巧，要持續創作，或許更容易出現效果。**蹭熱度、聳動下標……層出不窮的新媒體技巧很容易讓人迷失，忘記什麼是最重要的。比起這些表面技巧，在一個領域內持續做內容的梳理、輸入和延展，更加重要。

5. **不要在意別人口中的浪頭，你越在意就越會追，也許最後反而迷失了自己。**你不妨做一個統計，數數你到底在多少個平臺上開了帳號。如果你做的只是簡單的內容搬運，那就把每一個平臺都當作一個特色專欄去對待，給自己設定更新的頻率，不斷觀察，積極和編輯溝通最近平臺的經營方式，或許更有助於把握發展的趨勢。不要總是期待一夜爆紅，想站在浪頭，好歹你要先知道海流的方向。

6. **提前做好半年不會有收入的準備，不要拒絕推銷自己。**在沒有錢，也沒什麼點擊率的情況下，自己要如何堅持下去？你做這件事，到底是為了嘗鮮，還是為了其他目的？不要因為愛面子而不好意思自我推薦，要確信自己的這個作品可以拿得出手，要逐漸找到自信的態度。

7. **定期反省、總結，而後再次聚焦。**要結合自己的精力，找到適合自己的平臺，慢慢去聚焦，或者嘗試規模化發展的同時，建立自己的小團隊，要逐漸把看似分散的經驗成果化。借助平臺的力量，輸出日漸累積的新想法和逐漸成體系的內容，這樣才能越走越遠。

雖然，我不知道以後還會誕生什麼平臺，但我的方向會是——儘量讓自己聚焦，給自己做減法。

我用最笨的方法，結交人脈

很多網友寫信詢問我結交厲害人物的技巧。

其實我這個人沒有特別聰明，個性又比較直率，不太會拿捏分寸，所以目前為止認識到的一些人，比如秋葉大叔、古典老師、蕭秋水、李海峰老師和李忠秋老師，都是用最笨和最直接的方法。

我是透過參加古典的一個線下活動而認識他。那時我第一本書剛出版，因為銷量比較好，所以十分自信，而且我每天都會回答讀者的提問。我聽說古典老師是做職涯規劃的，所以對他特別有興趣，想著是不是應該報名他的課去學點什麼。

我當時覺得我和古典差不多，我們都是寫書的。於是我抱著這種心態去了活動現場，還要了簽名、拍了照，還向他推薦我自己的書。現在每次翻到和古典的合照，我都好想殺了當時的自己。

我又跑去知識管理圈磨練，是因為那時實用性強的文章分享還很流行。無論我寫什麼，網路上都會有許多人笑我，說：「我們不看故事，不看雞湯，寫點乾貨好嗎？」

我當時心想，什麼是「乾貨」？幫你把這篇文章的中心思想提煉出來，然後列成小標題，寫出一、二、三？這樣你看著好像很方便，可你確定你看完這樣的文章，記得住嗎？

其實我脾氣其實特別倔強，你說我不會寫，好，那我就寫給你看。

那時候恰好趕上微信改版，自己公眾號的訂閱率嘩嘩地往下掉，我當時又更不懂了，現在是怎麼回事？你說要乾貨，我給你寫了乾貨，你還取消關注我，你真的很過分啊！

當然，我心裡也懷疑過自己是不是寫得太差了？別人是怎麼寫的呢？我要不要去學習模仿一下呢？剛好，在朋友圈裡看到一些每天打卡、特別努力的朋友推薦參加某些社群。我忽然意識到，天哪！我不能落後啊！

於是，我在眾多的小廣告裡看到了秋葉大叔的名字，當時他在做IP訓練營。我一看價格，真的貴，但還是咬牙報了名。我心想，自己好歹也算個暢銷書作者了，怎麼連個優惠價都沒有？進群之後我更是吃驚，原本以為群裡應該是各界精英滿天飛，可為什麼我看到的都是各式各樣動不動就撒紅包、特愛洗版的人？難道我進錯群了嗎？

群裡每個人都在刷存在感，可是我誰也比不過，大家好像都特別擅長總結什麼現象的樣子，搞得我本來想講個故事，但我猜也沒人想聽。於是我持續觀察了幾天，然後發現了一個規律：每天下午三點左右，群裡聊天的人數是最少的；而上午九點到十點之間，是訊息最多的時候。

於是，我專門挑聊天不活躍的時間，把自己最近讀過的一些書，或者看到的一些觀點，寫些感想、做些總結，分享到群裡。

哼！「總結體」不就是工作彙報嗎？我每天都在寫好嗎？這沒什麼難的！於是，每天我都會在群裡丟個「小炸彈」，看看誰會回覆，我再回覆回去。有幾次，我的發言還獲得了群裡的「精華」，雖然我也不知道那是什麼意思。結果，我的這一行為引起了群主蕭秋水的注意。那時她的知識管理課程銷量在喜馬拉雅音訊分享平臺一馬當先，簡直紅到發紫，可以說是知識變現的領軍人物。她在網絡上的形象比較高冷，所以我一直不敢加她。她曾在群裡說：「在我對你還沒印象的時候，我不會通過你的好友申請。」

就這樣，我的「定期洗版」終於為自己賺到了一個印象，還有好幾次我都被她點名表揚了。我想這大概就是有印象了吧，於是我就加了她的微信，然後通過了。

蕭秋水是我在乾貨知識分享圈裡最希望結交的典型人物。比起知識分享，我更在意的其實是分享者的邏輯及思考方式。乾貨知識類文章之所以能夠盛行，背後支撐的其實是更理性的分析方法。網友往往追求的是分析的過程，至於自己能不能做到，大家卻不一定真的關心。

那到底要怎麼做才能保持理性思考呢？用什麼視角去看，做什麼樣的練習才能夠提升自己的理性思維和總結能力呢？這些都是我想問她的，但我覺得在網上聊得不盡興。怎麼才能有機會和她實際見面呢？

沒機會的時候，通常只能等。

慢慢地，我等來了一個機會，聽說她報名參加了李海峰老師的DISC（人類行為語言）課程。

其實這門課程對象更偏重於人力資源部門工作者，但它的社群做得特別棒，非常值得借鑑。當時很多知識達人也都看到了社群經營的帶來的商機，預估未來付費社群的趨勢，紛紛去報名學習，另一方面，大家也希望以後能成為業界講師、開設企業內訓課，那麼提前和企業做好連結，也就變成必要的事，於是一傳十、十傳百，最後導致該課程變成許多人的一次線下見面大會。

李海峰老師也是非常有能量和號召力的，他非常細心，聽說我報名參加，他果斷地把我的書作為送給學員的禮物，給了我好大的存在感。就這樣，我參加了兩天課程，不但認識了李海峰老師，還和蕭秋水成為同學。

線上的交流始終不如線下的交流全面和立體。我們利用下課時間聊了很多，還一起吃飯、喝酒。沒過多久，秋葉大叔來了北京，還組了飯局，因此我認識了李忠秋老師，很意外的是那天古典也去了。我的人脈圈就這樣建立起來。

不久，我又參加了DISC的複訓，秋葉大叔成了我的學弟。臨近元旦，好多人都去了秋葉大叔家一起跨年。我也因此認識了秋葉大叔、鯨打卡創始人貝金雨、理財師賽美，還有溝通專家小荻、百天訓練營品牌的戰隼老師，而交流也就這樣開始了。

春節後不久，我收到了秋葉大叔的提議，說要開個新公司，問我要不要做個小股東。我對這件事完全沒概念，就看了一下其他股東的名字，發現名單上都是上次認識的那些朋友，於是，人生第一個當股東的機會，就這樣出現了。此後，我開始擔任IP訓練營的營長，也有寫作訓練營、知識IP巡迴演講，以及古典老師柳丁學院活動的分享嘉賓。

每一次溝通，對我來說都是觸動和學習。我開始變得更加理性，也懂得了更多邏輯。

以前我總覺得認識大咖是一件特別困難的事，後來我發現，最難的是如何保持聊天的熱情。或許結識朋友的確需要一個契機，也許大家互送禮物，彼此之間買買吃的，都是非常有趣的事情。但這些私交不能替代你的想法和你看事情的角度，以及你接下來探尋的目標。

人會因為看法一致而成為朋友，也會因想法互補而成為朋友，但不會因為對方有想法，而你只是附和，或者你永遠作為一個提問者，而與你成為朋友。你需要不斷地提升自己，讓自己有想法，讓自己的能量值保持在上升的趨勢，這樣你們才能保持在一個能互相切磋的層級。

認識大咖或許需要一些方法和策略，但我卻只有笨方法，維持和他們的關係除了日常聯繫之外，更多的還是需要思想的碰撞。嘗試深入地思考和看待問題，比日常的閒聊更容易加深彼此的印象。定期讓對方看到自己的變化，也許比你在朋友圈裡曬美圖更容易被記住。

很多厲害的人物其實並不神祕，而所謂的朋友一定是互相滋養，不是單純的輸出。希望歲月在前行，感情也能逐漸累積，願三五年後，大家還能在下一站會聚。

對職涯迷惘時，先問自己這三個問題

迄今為止，我已經完成了兩百多小時的職場一對一電話諮詢，這期間我還換了一次平臺，因為有一個平臺撐不住倒閉了。

互聯網時代的快速崛起和消亡，都好像是一夜之間的事。一夜之間，滿地都是知識IP，好像所有人都是乾貨分享者。有學習熱情高漲的人，也有更多的焦慮者，讀文章已經不能滿足人們的需求了，而且文章讀得越多，反而越焦慮，如果能找個人好好聊聊，就成了值得一試的辦法。

當初第一個諮詢平臺來找我聊的時候，就是這麼說的。我因為寫過職場書，被許多平臺的人關注，先後曾有幾個平臺找過我，我最後只能從聊得還不錯的、見過面的平臺開始，在大家彼此都還不太熟悉的情況下，敲定了一家。

我至今都很感謝那個樂意給我機會的平臺，雖然最後不知它是因為融資還是其他原因倒下了，但它為我打開了一扇和諮詢有關的大門。這種模式被更多的投資人看到，原來花一點費用，就可以和一個過來人聊聊天，交流經驗，由此也誕生出了更多的互動分享平臺。後來我發現了「在行」這個平臺，於是就停留在了這裡，成了「在行」的行家。

兩百小時的互動諮詢是我最初設定的終極目標。我喜歡先給自己訂個小目標，再給自己訂一個終極目標。再從這兩個目標的差距之間，給自己訂下一些階段性目標，並且給每個階段設置不同的獎勵以及慶賀方式。

這兩百小時裡，每個諮詢者都是一個個你我身邊的普通人，他們帶著各式各樣的迷茫、困惑和煩惱而來，也帶著自己的思考繼續上路。每一次的電話諮詢，都是一個參與別人人生的過程，這個影響是雙向的。對他人來說是一個解惑的過程，對我來說也是一個自我提升的過程。

比如最開始的階段，我不知道怎麼去分配時間，更不知道如何讓諮詢對象提前做好功課。於是我只能邊聽邊記錄，再分析，然後給出建議。例如一開始我不知道如何引導向我諮詢的人，甚至不知道如何適當地打斷對方。結果對方越說越多，甚至離題萬里，等到我開始談論的時候，時間已經不夠了，我就只能延長時間去解答。

還有，最開始我也不知道自己的上限在哪裡，那麼多諮詢訂單撲面而來時，我並不知道該如何篩選，也不知道一個晚上能夠接上幾個諮詢。於是，我曾經有一個星期，每天晚上做兩個諮詢，最後自己都累得喘不過氣來……

在這些漫長的交流中，我漸漸找到了屬於自己的諮詢方法，以及可以給對方提供的諮詢建議。也發現，許多人其實並不是真的在尋求答案，而只是希望找尋一個宣洩的途徑。

不過，我從這兩百多小時職場諮詢中總結出三個要點。如果下次當你陷入迷茫，希望找個職場前輩聊聊的時候，不妨也先問問自己這三個問題，也許在你自問自答的過程中，你就已經豁然開朗了。

一、任何時候都要提醒自己：你的目的是什麼？

一場諮詢的時間十分有限，每當有人預約，我都會在後臺私訊提示對方：寫下你的個人情況，而且要提前想好你最想問的一個問題。為什麼是一個問題？因為一小時最多也就只能解決一個問題。也許這個問題會牽連出很多其他小問題，包括你的思考模式、做事方法，在這個抽絲剝繭的過程裡，也許我們會共同發現答案，所以問題不需要太多。

為什麼希望你提前想好你最想問什麼？因為我是在提示你，不要忘記你來的目的。沒做過諮詢的人可能會存在兩種極端情況：「自己說」和「讓你說」。這兩種情況都可以理解。

喜歡「自己說」的人，大部分的諮詢目的是想解決情緒問題，更希望對方能感受到自己的心情、痛苦，甚至是委屈。但職場諮詢並不是心理諮詢，我們也無法幫你迅速地擺脫負面情緒。雖然打開自己的心扉，的確更容易接納新事物，但不經過引導的敘述很容易變成吐苦水、發牢騷，最後演變成單向的情緒發洩大會，那諮詢師還能幫助你什麼呢？

如果你只是需要一個緩解情緒的出口，那倒是可以盡情地傾訴；但是，如果你還希望能實際解決問題，就不能佔用太多的時間。所以，我會在來諮詢的人傾訴的過程中嘗試引導，如果對方並不能因此調整自己的敘述方向，我就會主動打斷對方，並嘗試讓對方回到自己最初希望解決的問題上。

另一種「讓你說」的人，或許平時就不太善於表達，或者覺得諮詢就是聽專家上課，看看能不能讓自己開悟。遇到這類諮詢者，一般我會透過詳細詢問對方的個人情況，逐步完善已經做好的心智圖架構，在一問一答的過程裡逐步分析出對方最希望解決的問題，之後再找出重點，有策略地進行溝通並給出建議。

找人諮詢需要有明確的目的，為他人提供諮詢也需要清楚對方的目的。做事之前，先提醒自己，我的目的是什麼，這是十分必要的。因為目的越明確，才越容易達成。

二、當自己覺得搞不清楚的時候先問一句：是不是我的邏輯出了問題？

我曾經在後臺收到過一篇洋洋灑灑近三千字的私訊，敘述了諮詢者的個人情況，還包括她童年時期的家庭陰影，以及學生時期的自卑心態，如今走入職場，仍然是種種不如意。我看完之後非常同情她，於是回信對她說：「可不可以把你剛剛寫的這些事情，用列點的方式列出來，再用列點的方式總結出你認為的缺點和優點？」

當她按照這個方法做了之後，有點尷尬地回覆我：「川叔，我好像寫不出那麼多點。」我回她：「你嘗試把某一點深入分析，比如第一條你可以寫成：我覺得我是一個自卑的人，造成我自卑的理由是……第二條你再寫：我覺得自卑這件事對我的影響有……」

我為什麼要逼著別人這樣做呢？因為這是一個自我整理的過程。列點式總結可以避免情緒化，以理性的方式審視自我。而且列點式總結可以合併很多同類事件，讓自己不再停留在水平思考，要嘛更深入分析，要嘛總結出答案。我們希望解決問題，就首先要說清楚自己到底有什麼問題。

一個人如果能搞懂自己的問題出在哪兒，那麼或許就離解決問題不遠了。

現代人都很急，一急起來就邏輯混亂。你去醫院掛號，醫生問你哪裡不舒服，你說你全身都不舒服，請問應該看什麼科呢？如果你只是捂著肚子說好痛，那是皮外傷，還是內傷呢？是上腹痛，還是下腹痛呢？你越能條理清晰地說清楚自己的狀況，別人就越知道該如何幫助你，不是嗎？

三、**那些值得你借鏡的，是對方的技術、經驗，還是路徑？**

你可能聽過一句話，叫「聽了那麼多道理，卻依舊過不好自己的一生」，這句話可能也是很多人對諮詢持懷疑態度的理由。

他不過就和我聊個一小時，能幫我什麼？

說大道理誰不會，重點是對我有用嗎？

這兩個問題是許多諮詢者內心最常見的疑惑。

其實在網上有很多厲害的人，他們之中大部分都是有經驗的過來人，包括那些職場裡的老手。你在諮詢他們之前，或許要先問問自己：

你希望向他們學習的是什麼？

有哪些東西是可以「複製」或者「借鏡」的？

有哪些東西是可以利用他們的眼光幫你判斷的？

你的計畫裡有哪些是希望他們可以給你指點的？

哪些經歷是只屬於他們個人，你無法複製的？

他們的眼光和判斷是否對你要做的事有幫助？

他們的意見是否對你正在做的事有幫助？

如果這些關於諮詢的事前準備，你都已經對自己提問、自己總結了，那麼諮詢的最後一個重點就是：你要學會如何提問。

如果你希望借鑑對方的經歷，那麼你需要找到你最想瞭解的核心問題。最好自己先做一些功課，畢竟普及知識和有針對性地討論是兩回事。比如，與其請教秋葉大叔如何做好簡報，不如多問問他如何把簡報從一項工作做成了一個團隊，中間遭遇了哪些彎路，做過哪些嘗試，帶領學生創業團隊的心得又是什麼。

你現在沒辦法和秋葉大叔去瓜分簡報市場，但是你可以學會如何在有了一個產品之後，以產品組建團隊並且發展出附線產品。你要學習的是路徑。

如果你希望借用對方的經驗和眼光來判斷你想做的事情，那你最好有一個全面的梳理，不要還沒想明白就開口發問。比如，與其請教蕭秋水如何做好自我知識管理，不如先研究一下她在喜馬拉雅的音訊課程，之後再聚焦到如果你要做一個網路課程，需要準備哪些東西？主題、立意、邏輯，如何步驟化？你要學習的，是過程。

以上就是我經歷多次職場諮詢之後的心得體會，希望有助於你從中學到什麼。

〈後記〉

寫給未來的某一天

許多年前，我最大的願望是開家咖啡館，最好是在一條不知名的小路上。咖啡館靠近街上的一側是木製的窗子，窗邊種很多好看的花。咖啡館內的座位不多，但是客人不少，大家聊著天，偶爾發呆。最重要的是，我還可以在店裡放自己的電臺節目。後來，看到了很多咖啡館倒閉的過程，知道了什麼叫開店的每一天都在燒錢，我就漸漸打消了這個念頭。

這算是成長嗎？有時候，我覺得成長是一件很可怕的事情，可怕的不是我們會從投資與回報的角度來看待問題，而是在現實生活面前，我們逐漸喪失了自己的想像力。有些事，因為沒錢，所以想都不敢想。有些事，因為不賺錢，所以想都不要想。

開咖啡館的夢破碎後的很長一段時間裡，我的人生進入了沒有畫面感，只有表格和利潤的階段。我忙於賺錢，存款開始增多，直到某一天我問自己，你賺錢的目的是什麼？我居然答不出來。

我曾在想做某一件事之前會先在腦海裡描繪出畫面，而頭腦裡的感性，在這幾年都被理性壓縮得蕩然無存。後來，我在上一門課程時，老師問我：「想想十年後的你在哪裡？那時候是什麼樣子？」我發現我竟然無法想像未來，我被自己嚇到了。

再後來，我學著讓自己做夢，始終想著以後我退休，不在任何一家公司上班，我應該是什麼樣子，那時的我要做什麼呢？我最想做的事情是什麼呢？於是我就想到，開一間民宿客棧，在類似大理這樣的地方，但前提是一切都不要那麼商業化。

什麼叫民宿客棧？就是多蓋幾間房子，和朋友一起分享。也許房間只有7間，但每一間都有不同的主題。沒客人的時候我會每天換一個房間住，從第一間睡到第七間，剛好一個禮拜，這就是要有七間房的理由。

每年選季節最好的時段營業，大概半年多，剩下半年是淡季，索性關門，畫畫、養花、吸貓、遛狗。

有房間就要有一個大院子，院子裡有樹，這樣我就可以早起掃院子。在進門的地方寫著：歡迎回家。旁邊是一間小廚房，命名為：川叔的雞湯館。暖心的雞湯，誰回來了，就盛一碗。希望到了那個時候，大家不會再這麼反感「雞湯」兩個字。

七間房間都要有連廊，這樣下雨的時候還可以在連廊裡看雨。二樓要有一個超大的露臺，陽光好的時候就曬被子和床單。我喜歡白色床單曬在藍天下面的樣子。那時候的我，應該是一位留著小辮子和白鬍子，穿著寬鬆衣服的老頭吧！每天笑瞇瞇地對著來往的人說：「嘿，好久不見。」

下午的時候喝喝茶、聊聊天，如果你願意和我說你的心事，不管是工作上煩心的、婚姻裡煩惱的都好，我也樂意為你提供一次免費的諮詢服務。如果有機會被邀約去演講，我就換掉寬鬆的衣服，穿上正式的西裝，戴上帽子，鄭重出發。如果不用外出，我就畫畫、做電臺節目、寫寫文章、回信給聽眾或讀者。這樣是不是也蠻好的？

這個小小的夢想，我反覆想過很多次。那一定是在一個三四線小城市，最好還靠海，氣候宜人，我已經有了不少存款，不用為了生計擔心，也不用煩惱經營的狀況。我已經有了一點小小的名氣，可以透過發微博的方式讓別人知道我的店，而不是找人做廣告。

以前總覺得未來挺遠的，可真的細想又發現，不論遠近，我都沒想過未來的樣子。那時候的我怎麼樣了，是帶著什麼樣的心情在生活？當你無法清晰描繪它的時候，你就會覺得當下是茫然的。存錢不知道為了什麼，買了名牌就能證明自己有錢了嗎？有了車和房就找到幸福感了嗎？有了孩子婚姻就穩固了嗎？總是說自己的人生要自己做主，有天真的自主了，卻發現根本不知從何下手。

遠方沒有目標，手裡沒有當下。這大概就是如今很多人迷茫的問題所在。

最近半年，我一直在問自己，寫書到底是為了什麼？我寫十年也不一定能大紅大紫，那這十年我要怎麼過？我要憑藉什麼樣的信念讓自己寫下去呢？後來我突然冒出一個狂妄的念頭，我要影響一億人。後來我又立刻打消了這個念頭，理智地想了想，然後悄悄在心裡寫下了一句話：我希望可以影響一千萬人。

迄今為止，我已經出版了三本書，有賣得好的，也有賣得不太好的，銷量加起來差不多七十萬冊。除此之外，前幾年合集很流行時，我前前後後參與了十二本合集書。所謂的合集書，就是我的幾篇文章被編輯採用，跟著一群作者一起出了本書。這些合集書加在一起至少也有三十萬冊的銷量，這麼算下來，我似乎也是個百萬級暢銷書作家啦。當然，這只能說給自己聽聽。

我始終相信，文字是有魅力的，也講求緣分。在人生適當的時間，如果去讀書，剛好讀到了適合的文字，會對自己產生很大的影響。這個影響或許是當下的一次心動，或許是一個習慣的改變，更或許只是一個新鮮的嘗試，但能有改變，就是最好的行動。

我希望未來每一年，至少每兩年出一本書，寫作十年，只要還有出版社願意出版我的書，我就堅持寫下去。除了這些之外，我還有一直在做的電臺節目、更新的微信公眾號、線上課程、和別人合作的訓練營，以及線上專欄。這些都算進去，從40歲到60歲，再做二十年，應該就可以達到目標了吧。

找到了一個目標，然後朝著這個方向前進。目標要和你最想做的事情有關，要有一定的可實現依據，也要有挑戰空間，還要有利他和利己的心意，最後相信自己用一生的時間足以完成，這就變成了願景。

很多企業的願景聽起來很空洞，好像幾輩子都不一定可以完成，其實那只是老闆的期望，或者是某個行事準則。

每個人都可以看作一個單獨的企業，你希望制定出自己的長期目標或個人願景，就需要有分析、有判斷、有基礎。然後，當你覺得這件事情是可以達成的，你就要說出來、寫下來，讓自己相信你會把所有的事都找到和這個目標相關聯的一致性。

最後，這個目標會讓你找到自己的使命感和信念。從此，你做的每一件事都有意義，都是朝向目標邁出的一小步。

影響一千萬人是我未來二十年要努力的目標。希望五年甚至十年後的自己看到這一小段文字，不會覺得羞愧難當。

而開一家擁有七個房間的民宿客棧，做一個用心生活的老頭，這是二十年之後我的樣子。希望二十年後的自己，看到這段文字不會覺得錯過和後悔。

一個人對另一個人的影響能有多大呢？有時候像星火，倏忽而逝；有時卻像火炬，讓你在漫漫長夜裡辨清方向。

最後，希望讀到這裡的你，也能漸漸找到未來的方向。

我是小川叔，感謝你陪我走完這一段路。

台灣廣廈國際出版集團
Taiwan Mansion International Group

國家圖書館出版品預行編目（CIP）資料

窮忙，是你不懂梳理人生 / 小川叔作.
-- 初版. -- 新北市：蘋果屋, 2020.08
面；　公分（心發現；3）
ISBN 978-986-98814-9-4（平裝）
1. 職場成功法

494.35　　109008100

窮忙，是你不懂梳理人生

作　　者／小川叔
編 輯 長／張秀環．編輯／彭文慧
封面設計／何偉凱．內頁排版／菩薩蠻數位文化有限公司
製版．印刷．裝訂／東豪印刷有限公司

行企研發中心總監／陳冠蒨
媒體公關組／陳柔彣
整合行銷組／陳宜鈴
綜合業務組／何欣穎

發 行 人／江媛珍
法律顧問／第一國際法律事務所 余淑杏律師．北辰著作權事務所 蕭雄淋律師
出　　版／蘋果屋
發　　行／蘋果屋出版社有限公司
地址：新北市235中和區中山路二段359巷7號2樓
電話：（886）2-2225-5777．傳真：（886）2-2225-8052

代理印務．全球總經銷／知遠文化事業有限公司
地址：新北市222深坑區北深路三段155巷25號5樓
電話：（886）2-2664-8800．傳真：（886）2-2664-8801
網址：www.booknews.com.tw（博訊書網）
郵政劃撥／劃撥帳號：18836722
劃撥戶名：知遠文化事業有限公司（※單次購書金額未達500元，請另付60元郵資。）

■出版日期：2020年08月
ISBN：978-986-98814-9-4